对接世界技能大赛技术标准创新系列教材
技工院校一体化课程教学改革服装设计与制作专业教材

高档服装制版

人力资源社会保障部教材办公室　组织编写
李填　主编

中国劳动社会保障出版社

内容简介

本书紧紧围绕技工院校对服装设计与制作专业人才的培养目标，紧扣企业工作实际，介绍了大衣、夹克衫、西服等高档服装制版的有关知识。本书以国家职业标准和“服装设计与制作专业国家技能人才培养标准及一体化课程规范（试行）”为依据，以企业需要为导向，充分借鉴世界技能大赛的先进理念、技术标准和评价体系，促进服装设计与制作专业教学与世界先进标准接轨。本书采用一体化教学模式编写，穿插介绍了世界技能大赛的有关知识，并附有部分拓展性内容，便于教师开展教学。

本书由李填任主编，陈秀虹、王岑参与编写。

图书在版编目（CIP）数据

高档服装制版 / 李填主编. --北京：中国劳动社会保障出版社，2023
对接世界技能大赛技术标准创新系列教材
ISBN 978-7-5167-5921-9

Ⅰ. ①高…　Ⅱ. ①李…　Ⅲ. ①服装量裁 - 教材　Ⅳ. ①TS941.2

中国国家版本馆 CIP 数据核字（2023）第 170863 号

中国劳动社会保障出版社出版发行

（北京市惠新东街 1 号　邮政编码：100029）

*

北京市艺辉印刷有限公司印刷装订　　新华书店经销

787 毫米 ×1092 毫米　16 开本　9.5 印张　160 千字

2023 年 9 月第 1 版　　2023 年 9 月第 1 次印刷

定价：19.00 元

营销中心电话：400-606-6496

出版社网址：http://www.class.com.cn

http://jg.class.com.cn

序

世界技能大赛由世界技能组织每两年举办一届，是迄今全球地位最高、规模最大、影响力最广的职业技能竞赛，被誉为“世界技能奥林匹克”。我国于 2010 年加入世界技能组织，先后参加了五届世界技能大赛，累计取得 36 金、29 银、20 铜和 58 个优胜奖的优异成绩。第 46 届世界技能大赛将在我国上海举办。2019 年 9 月，习近平总书记对我国选手在第 45 届世界技能大赛上取得佳绩作出重要指示，并强调，劳动者素质对一个国家、一个民族发展至关重要。技术工人队伍是支撑中国制造、中国创造的重要基础，对推动经济高质量发展具有重要作用。要健全技能人才培养、使用、评价、激励制度，大力发展技工教育，大规模开展职业技能培训，加快培养大批高素质劳动者和技术技能人才。要在全社会弘扬精益求精的工匠精神，激励广大青年走技能成才、技能报国之路。

为充分借鉴世界技能大赛先进理念、技术标准和评价体系，突出“高、精、尖、缺”导向，促进技工教育与世界先进标准接轨，完善我国技能人才培养模式，全面提升技能人才培养质量，人力资源社会保障部于 2019 年 4 月启动了世界技能大赛成果转化工作。根据成果转化工作方案，成立了由世界技能大赛中国集训基地、一体化课改学校，以及竞赛项目中国技术指导专家、企业专家、出版集团资深编辑组成的对接世界技能大赛技术标准深化专业课程改革工作小组，按照创新开发新专业、升级改造传统专业、深化一体化专业课程改革三种对接转化原则，以专业培养目标对接职业描述、专业课程对接世界技能标准、课程考核与评价对接评分方案等多种操作模式和路径，同时融入健康与安全、绿色与环保及可持续发展理念，开发与世界技能大赛项目对接的专业人才培养方案、教材及配套教学资源。首批对接 19 个世界技能大赛项目共 12 个专业的成果将于 2020—2021 年陆续出版，主要用于技工院校日常专业教学工作中，充分发挥世界技能大赛成果转化对技工院校技能人才的引领示范作用。在总结经验及调研的基础上选择新的对接项目，陆续启动第二批等世界技能大赛成果转化工作。

希望全国技工院校将对接世界技能大赛技术标准创新系列教材，作为深化专业课程建设、创新人才培养模式、提高人才培养质量的重要抓手，进一步推动教学改革，坚持高端引领，促进内涵发展，提升办学质量，为加快培养高水平的技能人才作出新的更大贡献！

2020 年 11 月

目　录

学习任务一

大衣制版

学习目标

1. 能严格遵守工作制度，在工作中养成严谨、认真细致的职业素养，服从工作安排。

2. 能按照安全生产防护规定，穿戴劳保用品，执行安全生产操作规程。

3. 能查阅相关技术资料，按要求准备好大衣工业样板制作所需的工具、设备、材料及各项技术文件。

4. 能识读大衣生产工艺单，明确大衣工业样板制作要求，准确核对大衣工业样板制作所需的各项数据。

5. 能在教师的指导下，制订大衣工业样板制作计划，并通过小组讨论做出决策。

6. 能按大衣工业样板制作计划，依据技术文件要求，结合大衣工业制版规范，独立完成大衣基础样板的制作、检查与复核。

7. 能对照技术文件，对基础样板进行复核，并依据复核结果，将基础样板修改、调整到位。

8. 能在教师的指导下，对照技术文件，结合大衣工业推板的技术规范，完成系列样板的推放、检查、整理及复核。

9. 能记录大衣工业样板制作过程中的疑难点，通过小组讨论，提出妥善解决问题的办法。

10. 能展示大衣工业样板制作各阶段成果，并进行评价。

11. 能根据评价结果，做出相应反馈。

12. 在操作过程中能严格遵守教学场地“8S”管理规定。

建议课时

30 课时。

学习任务描述

学生接到学习任务并明确学习目标后，应按以下流程实施学习任务：①查阅大衣工业样板制作的相关资料，准备好工具、设备、技术文件及相关学习材料，在教师的指导下，依据大衣生产工艺单及大衣工业样板制作的相关要求，制订大衣基础样板制作计划，独立完成大衣基础样板的制作、检查与复核，并依据检查与复核结果，将基础样板调整到位。②在教师的指导下，对照技术文件，结合大衣工业推板的技术规范，完成大衣系列样板的推放，并对大衣工业样板进行种类和数量检查、整理、分类，做好定位标记。③按照生产工艺单的要求进行质量检验，判断大衣工业样板的裁配关系是否吻合，种类是否齐全，数量是否准确，并对制作完成的大衣工业样板进行展示和评价。④清扫场地和工作台，归置物品。

学习活动

女式大衣制版。

学习活动 女式大衣制版

一、学习准备

1. 服装打板台、女式服装人台、打板纸、绘图铅笔、放码尺等。

2. 安全生产操作规程、女式大衣生产工艺单（见表 1-1）、女式大衣工业样板制作相关学习材料。

表 1-1　女式大衣生产工艺单

<table>
<tr><td>款式名称</td><td colspan="7">女式大衣</td></tr>
<tr><td>款式图与款式说明</td><td colspan="6">前片　后片
款式图</td><td>款式说明：
中长款直身女式大衣，八开身结构，前后片有刀背缝分割线；装嵌边，立领，暗扣门襟；前中腰位置装一个连盘扣装饰腰带；前片两侧各装一个折反假袋盖、嵌边贴袋，左侧有一个荷叶饰边；装带褶裥插肩袖，前肩部两侧各装一个装饰蝴蝶结，袖口为折反袖口并嵌边</td></tr>
<tr><td rowspan="9">成品规格（cm）</td><td rowspan="2">部位</td><td colspan="3">号型</td><td rowspan="2">档差</td><td rowspan="2">公差</td><td rowspan="2">封样意见</td></tr>
<tr><td>155/80A（S）</td><td>160/84A（M）</td><td>165/88A（L）</td></tr>
<tr><td>衣长</td><td>118</td><td>120</td><td>122</td><td>2</td><td>±1</td><td rowspan="7"></td></tr>
<tr><td>领围</td><td>43</td><td>44</td><td>45</td><td>1</td><td>±0.5</td></tr>
<tr><td>胸围</td><td>92</td><td>96</td><td>100</td><td>4</td><td>±2</td></tr>
<tr><td>肩宽</td><td>37.8</td><td>39</td><td>40.2</td><td>1.2</td><td>±0.6</td></tr>
<tr><td>腰围</td><td>70</td><td>74</td><td>78</td><td>4</td><td>±2</td></tr>
<tr><td>臀围</td><td>92</td><td>96</td><td>100</td><td>4</td><td>±2</td></tr>
<tr><td>摆围</td><td>90</td><td>94</td><td>98</td><td>4</td><td>±2</td></tr>
</table>

续表

<table>
<tr><td rowspan="4">成品规格
（cm）</td><td rowspan="2">部位</td><td colspan="3">号型</td><td rowspan="2">档差</td><td rowspan="2">公差</td><td rowspan="2">封样意见</td></tr>
<tr><td>155/80A
（S）</td><td>160/84A
（M）</td><td>165/88A
（L）</td></tr>
<tr><td>袖长</td><td>55.5</td><td>57</td><td>58.5</td><td>1.5</td><td>±0.8</td><td></td></tr>
<tr><td>袖口</td><td>23</td><td>24</td><td>25</td><td>1</td><td>±0.5</td><td></td></tr>
<tr><td>制版工艺
要求</td><td colspan="7">1. 制版充分考虑款式特征、面料特性和工艺要求
2. 样板结构合理，尺寸符合规格要求，对合部位长短一致
3. 样板干净整洁，标注清晰规范
4. 辅助线、轮廓线界定清晰，线条平滑、圆顺、流畅
5. 样板种类齐全、数量准确、标注规范
6. 省、剪口、钻孔等位置正确，标记齐全，放缝量、折边量符合要求
7. 样板轮廓光滑、顺畅，无毛刺
8. 样板校验无误，修正到位</td></tr>
<tr><td>排料工艺
要求</td><td colspan="7">1. 合理、灵活应用“先大后小、紧密套排、缺口合并、大小搭配”的排料原则
2. 确保部件齐全，排列紧凑，套排合理，丝绺正确，拼接适当，空隙少，两端齐口；既要符合质量要求，又要节约原料
3. 合理解决倒顺毛、倒顺光、倒顺花，对条、对格、对花和色差布料的排料问题</td></tr>
<tr><td>算料要求</td><td colspan="7">1. 充分考虑款式的特点、服装的规格、色号配比、布料幅宽及特性、裁剪损耗等
2. 宁略多，勿偏少</td></tr>
<tr><td>制作工艺
要求</td><td colspan="7">1. 缝制采用 14 号机针，针距密度（明暗线）为 14 ~ 18 针 /3 cm，线迹松紧适度，且中间无跳线、断线
2. 尺寸规格要求：衣长误差小于 1 cm，胸围误差小于 2 cm，袖长误差小于 0.8 cm，肩宽误差小于 0.6 cm，袖口误差小于 0.5 cm
3. 各部位规格正确，面、里、衬松紧适宜
4. 领头平服挺立，左右对称，面、里松紧适宜，止口不外吐
5. 衣身平服，丝绺正确，分割缝顺直，贴袋高低一致，平服圆顺，左右袋位对称
6. 荷叶饰边波浪均匀，垂摆自然
7. 门襟平服一致，止口顺直不外吐，不起拱、不起吊
8. 夹里与面子相符，平服，不起吊
9. 插肩袖平顺，褶裥左右对称，前后适宜，不起涟，无吊紧；袖口平整，大小一致
10. 锁眼、钉扣符合要求
11. 各部位熨烫平服、缝线顺直，无烫黄、变色，无水渍、污渍，无破损
12. 里子光洁、平整
13. 整烫要求平、薄、挺、圆、顺、窝、活</td></tr>
<tr><td>制作流程</td><td colspan="7">粘衬、打线钉→前片分割组合→大身敷衬→做、装贴袋→做前片夹里→敷挂面、缉袋止口→翻烫止口→组合后片分割缝→合缉侧缝→做、装荷叶饰边→做底边→做、装袖→做、装领→固定衣服→装面、里→整烫、钉扣→填写封样意见</td></tr>
<tr><td>备注</td><td colspan="7"></td></tr>
</table>

3. 划分学习小组（每组 5 ~ 6 人，用英文大写字母编号），并填写表 1-2。

表 1-2　　　　　　　　小组编号表

组号	组内成员及编号	组长姓名及编号	本人姓名及编号

4. 请检查是否按安全生产操作规程做好防护。进入工作室后仔细阅读工作室张贴的安全生产操作规程，然后将其要点摘录下来。

____

____

____

5. 为什么要将制版工具摆放至安全的位置？制版工具摆放至什么位置才符合安全生产操作规程的要求？

____

____

____

二、学习过程

（一）明确工作任务，获取相关信息

1. 知识学习

小贴士

大衣是人们在秋冬季穿着的主要外衣。大衣主要用来防寒保暖，但也可以体现个人性格和时代气息。大衣选料精良，做工考究，其款式设计、结构设计与衣长、领型、袖型、色彩、制作工艺等诸多因素有关。

1. 女式大衣的制作材料

（1）面料：女式大衣多采用厚重的面料，如皮革大衣（见图 1–1）、呢绒大衣（见图 1–2）、毛料大衣等，这些面料的大衣给人以粗重、浑厚的感觉。

图 1-1　皮革大衣

图 1-2　呢绒大衣

（2）里料：里料有保护面料、保暖、保型等作用。女士大衣常用的里料有美丽绸、尼龙绸、涤美绸等，可根据面料的材质合理选配里料。

（3）衬料：使用衬料的目的是辅助面料进行造型。衬料可增加面料的厚度和重量，使之挺括而易于造型。女式大衣的衬料主要有软衬、马尾衬、细布衬、粘合衬等。

2. 女式大衣的分类

（1）根据填充材料不同，女式大衣可分为羽绒大衣（见图 1–3）、棉大衣（见图 1–4）和呢绒大衣。

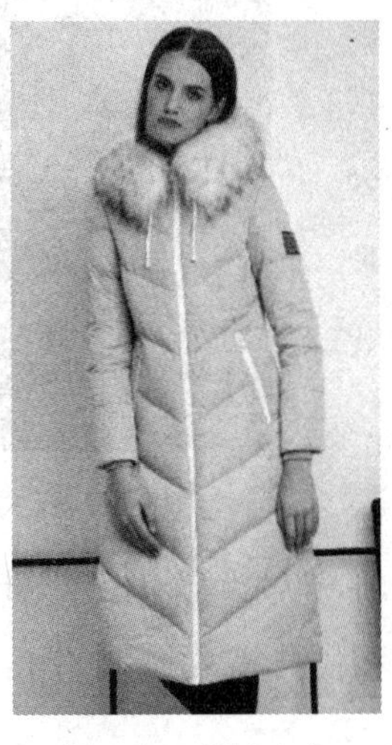

图 1-3　羽绒大衣

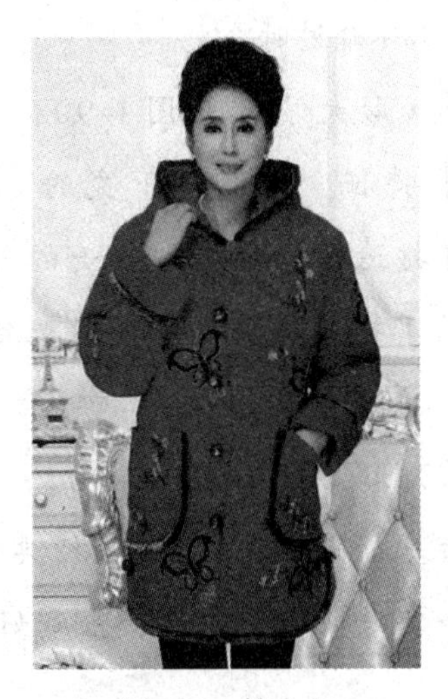

图 1-4　棉大衣

（2）按长度不同，女式大衣一般分为短大衣（见图1–5），中长大衣（见图1–6）和长大衣（见图1–7）。

图1–5　短大衣

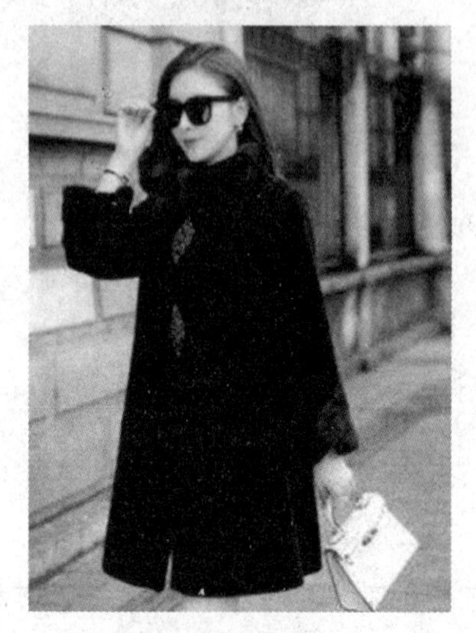

图1–6　中长大衣

（3）按廓形不同，女式大衣可分为H形大衣、A形大衣、X形大衣、T形大衣、O形大衣。

①H形大衣（见图1–8）：以不收腰，有直身下摆为基本特征。衣身呈直筒状决定了它对身材的包容性和修饰性，而简洁流畅的线条让它在任何年代都不会过时。

②A形大衣（见图1–9）：以有宽大下摆为基本特征。它上窄下宽的廓形，充满复古感，可打造穿着者纤细优美的外在形象。如果大衣的下摆足够宽大，穿起来会有穿斗篷的效果。

图1–7　长大衣

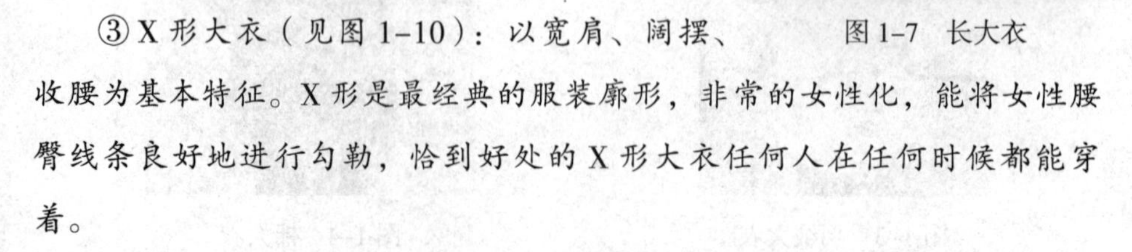

③X形大衣（见图1–10）：以宽肩、阔摆、收腰为基本特征。X形是最经典的服装廓形，非常的女性化，能将女性腰臀线条良好地进行勾勒，恰到好处的X形大衣任何人在任何时候都能穿着。

图 1-8　H 形大衣

图 1-9　A 形大衣

图 1-10　X 形大衣

④T形大衣（见图1-11）：以夸张肩部造型、收缩下摆为基本特征。它最明显的特征就是肩部线条明显，它的视觉中心在上半身，大垫肩大衣就是典型的T形大衣，能打造出比较强大的气场。

图1-11 T形大衣

⑤O形大衣（见图1-12）：以中间膨胀、两头收紧为基本特征。O形大衣包容性很强，它可突出穿着者的气质，是优雅和俏皮感共存的廓形大衣。

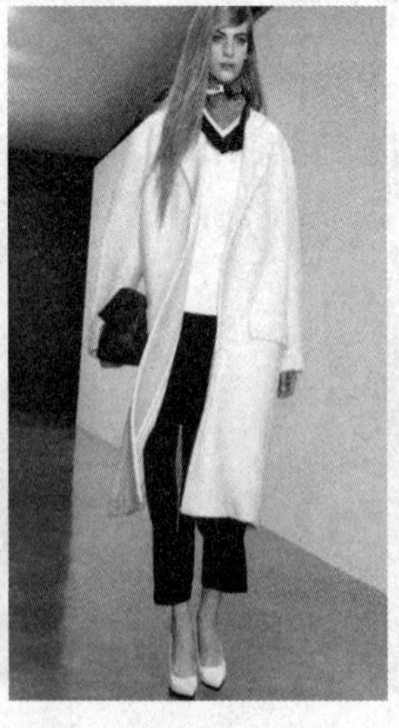

图1-12 O形大衣

（4）按袖型不同，女式大衣可分为两片式合体圆装袖大衣、一片式宽松平装袖大衣、落肩袖大衣等。

①两片式合体圆装袖大衣（见图 1–13）：两片式合体圆装袖的特点是袖肥窄，袖山高。这款大衣穿在身上合体，手臂自然下垂时腋下无褶皱。

图 1–13　两片式合体圆装袖大衣

②一片式宽松平装袖大衣（见图 1–14）：一片式宽松平装袖是一个完整的、未经过分割的整体，它的特点是袖型稍宽、袖山稍低。这类大衣穿在身上较为舒适。

图 1–14　一片式宽松平装袖大衣

③落肩袖大衣（见图 1–15）：落肩袖大衣的特点是衣片的一部分为袖山，袖山低，衣片肩线长。

图 1–15　落肩袖大衣

④插肩袖大衣（见图 1–16）：插肩袖的袖线是沿着上臂延伸到衣身中的。

⑤连身袖大衣（见图 1–17）：连身袖是指衣身的一部分和袖子连成整体的袖型，袖子和衣身在结构上是互补的关系。

图 1–16　插肩袖大衣

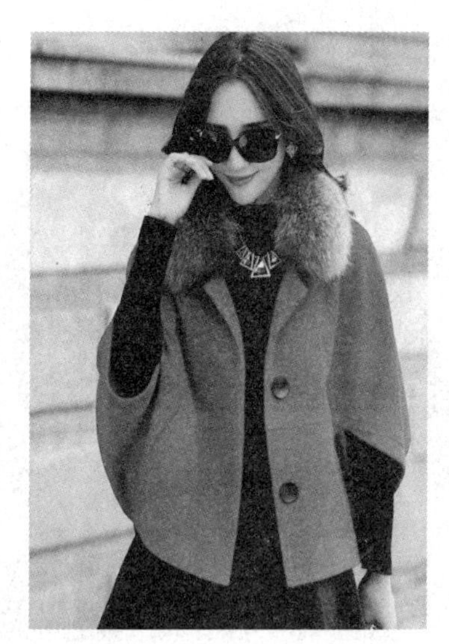

图 1–17　连身袖大衣

（5）按领型不同，女式大衣可分为大翻领大衣、西服领大衣、关门领大衣等。

①大翻领大衣（见图 1–18）：版型一般都比较挺立，有质感，高级。领子比较大，看上去比较大气。

②西服领大衣（见图 1–19）：西服领是最常见的一种大衣领型，这种领子比翻领要小很多，它的形状为长三角形，使大衣更显干净利落。

图 1–18　大翻领大衣

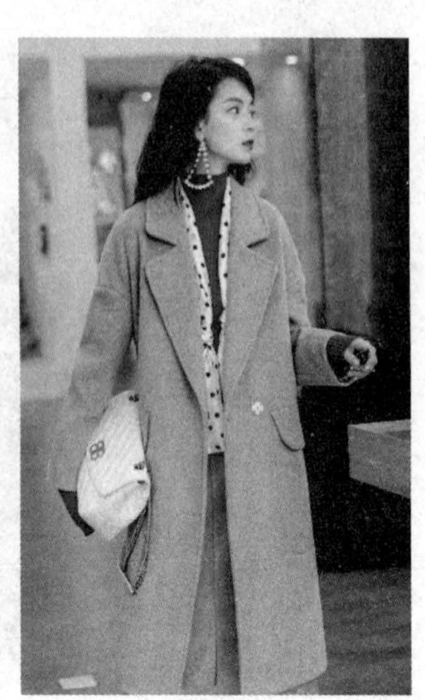

图 1–19　西服领大衣

③关门领大衣（见图 1–20）：关门领比西服领要小一些，它就像衬衫的翻领一样，是三角形的。关门领大衣穿起来显得休闲、知性、大气。

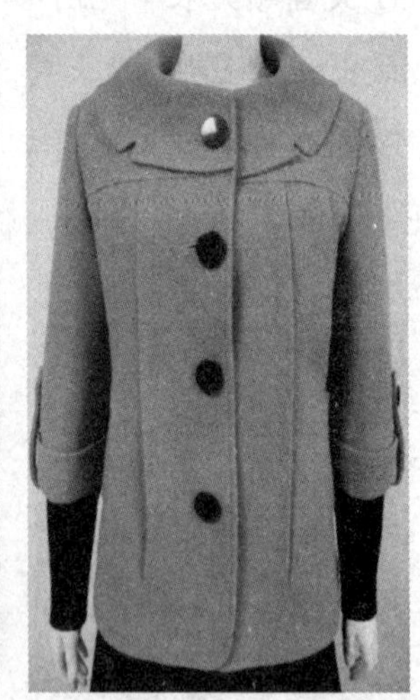

图 1–20　关门领大衣

④连帽领大衣（见图 1–21）：连帽领是比较宽大的领子。连帽领大衣休闲随性，穿起来显得年轻有活力。

⑤圆领大衣（见图 1–22）：圆领简洁、舒适又有型。穿着圆领大衣时可以搭配围巾，也可以搭配高领针织衫，这样搭配显得优雅而大气。

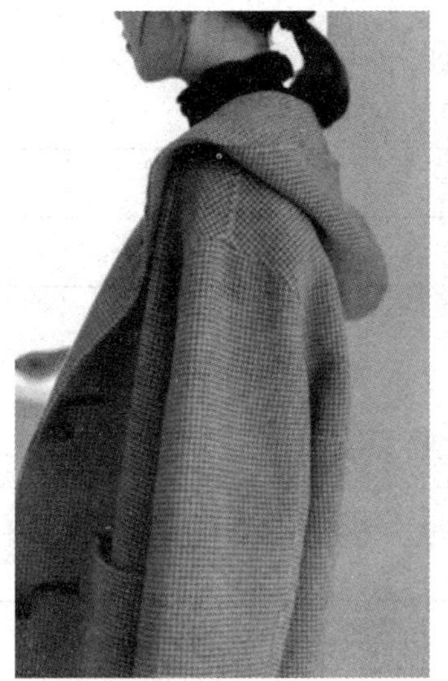

图 1-21　连帽领大衣

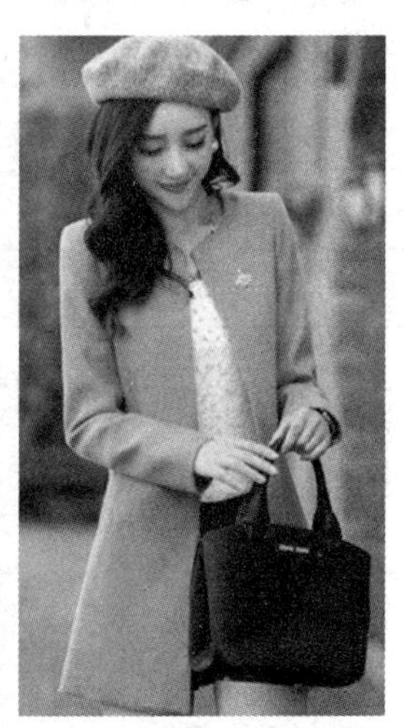

图 1-22　圆领大衣

查询与收集

（1）查阅资料，简要写出常规款式女式大衣的特点及近几年女式大衣款式变化的趋势。

____

____

____

查询与收集

（2）查阅资料，写出制作女式大衣工业样板的主要控制部位。

查询与收集

（3）查阅资料，写出女式大衣插肩袖的变化特点。

查询与收集

（4）查阅资料，写出女式大衣工业样板制作的重点和难点。

2. 学习检验

引导问题

（1）在教师的引导下，独立完成表 1–3 的填写。

表 1–3　　学习任务与学习活动简要归纳表

本次学习任务的名称	
本次学习任务的内容	
本次学习任务的主要目标	
本次学习活动的名称	
本次学习活动的主要目标	
女式大衣工业样板的制作要求	
本次学习活动中实现难度较大的目标	

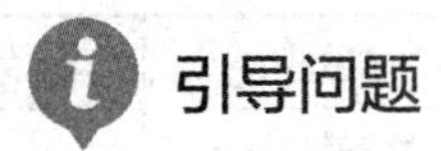

引导问题

（2）在国家标准《服装号型　女子》（GB/T 1335.2—2008）中，身高 160 cm、体型为 A 型的女子，其坐姿颈椎点高、全臂长、颈围、总肩宽、胸围、腰围、臀围各是多少？对照表 1-1，分析并写出 M 码女式大衣的领围、胸围、腰围、衣长、袖长和肩宽的放松量。

____

____

____

引导问题

（3）请在教师的指导下，检查核对女式大衣工业样板制作需使用的工具及材料，明确其用途，并填写表 1-4。

表 1-4　工具、材料信息填写表

序号	名称	用途

引导、评价、更正与完善

在教师讲评引导的基础上，对本阶段的学习活动成果进行自我评价和小组评价（100 分制），之后独立用红笔对本阶段有关问题的回答进行更正和完善。

项目	类别	分数	项目	类别	分数
个人自评分	关键能力		小组评分	关键能力	
	专业能力			专业能力	

worldskills international 世赛链接

女式大衣制作是世界技能大赛时装技术项目比赛中曾经测试的内容，图 1–23 所示为第 45 届世界技能大赛时装技术项目金牌获得者温彩云获奖作品的款式图。服装设计难度、服装价值和成本、服装与目标市场匹配度均是世界技能大赛时装技术项目比赛中作品评判的要点。

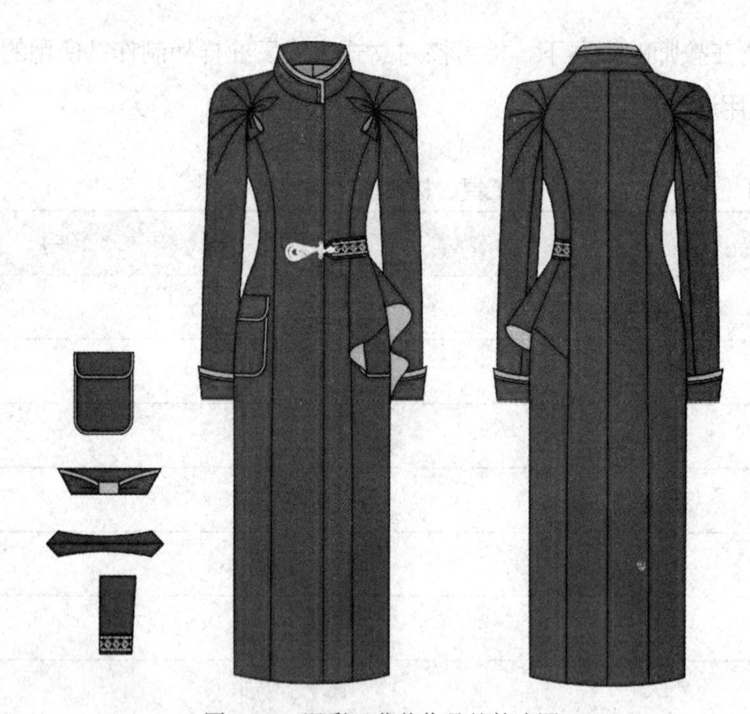

图 1–23　温彩云获奖作品的款式图

（二）制订女式大衣工业样板制作计划

1. 知识学习

学习制订计划的基本方法、内容和注意事项。

制订计划参考意见：整个工作的内容和目标是什么？整个工作分几步实施？工作过程中要注意什么？小组成员之间该如何配合？出现问题该如何处理？

2. 学习检验

引导问题

（1）请简要写出你们小组的计划。

引导问题

（2）你在制订计划的过程中承担了什么工作？有什么体会？

引导问题

（3）教师对小组的计划提出了什么修改建议？为什么？

引导问题

（4）你认为计划中哪些地方比较难实施？为什么？你有什么想法？

引导问题

（5）小组最终做出了什么决定？是如何做出的？

引导、评价、更正与完善

在教师讲评引导的基础上，对本阶段的学习活动成果进行自我评价和小组评价（100 分制），之后独立用红笔对本阶段有关问题的回答进行更正和完善。

项目	类别	分数	项目	类别	分数
个人自评分	关键能力		小组评分	关键能力	
	专业能力			专业能力	

（三）女式大衣工业样板制作与检验

1. 知识学习

小贴士

女式大衣工业样板制作流程：核对制版规格→绘制后片→绘制前片→绘制领片→绘制袖片→变化样片→拷贝样片→缝份加放→制作样衣→推板放码→检验核对→填写制版清单。

世赛链接

世界技能大赛时装技术项目对样板制作的考核非常严格，对样板的整洁度、标记、名称、样片号、产品名称、裁剪说明、丝绺、缝份的一致性、剪口及定位标记、裁片流畅性、对接匹配度和样板功能等都有着明确的规定。样板标注方法如图 1–24 所示。

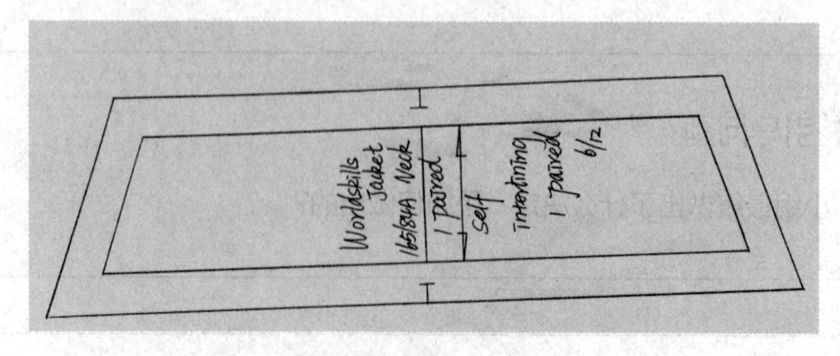

图 1–24　样板标注方法

2. 操作演示

请扫二维码，观看女式大衣工业样板制作的视频。

3. 技能训练

实践

（1）在教师的指导下，依据表 1–1 提供的 M 码女式大衣的成品规格，通过小组讨论，填写表 1–5。

表 1–5　女式大衣基础样板尺寸设定表　单位：cm

号型	类型	衣长	肩宽	胸围	腰围	臀围	摆围	领围	袖长	袖口
160/84A（M）	成品尺寸	120	39	96	74	96	94	44	57	24
	制板尺寸									

小贴士

1. 女式大衣量体尺寸

衣长：女式大衣属于外套类上衣，大衣长度一般可视款式及个人爱好而定。

胸围：女式大衣的胸围加放量比一般上衣的大，一般为 12 ~ 24 cm，宽松式的女式大衣胸围加放量可再增加。

领围：女式大衣的领围远远大于春秋衫的，一般在 40 cm 以上。翻驳领女式大衣可不测量领围。

袖长：女式大衣的袖子一般较长，因为它的袖口通常有襻带及折反袖口等装饰。

2. 女式大衣版型结构设计

大衣一般以外套的形式被穿着，其版型大多宽松，所以其版型变化不大。

变化女式大衣的版型都是通过对其基本样板进行分割、移位、展开与变形来实现的。除了变化女式大衣的廓形外，还可以通过分割、增加装饰部件或进行不同花型、不同颜色以及不同质地的面料搭配，来使女式大衣变化多样。

小贴士

1. 女式大衣制版主要部位分配比例、尺寸见表1–6，女式大衣前片、后片样板如图1–25所示。

表1–6　女式大衣制版主要部位分配比例、尺寸　单位：cm

序号	部位	分配比例	尺寸	序号	部位	分配比例	尺寸
1	衣长	衣长尺寸	120	17	前肩宽	S/2	19.5
2	后领口深	2.5（定寸）	2.5	18	前袖窿深	B/4+2–3	23
3	后领口宽	N/5–0.5	8.3	19	前腰节长	号 /4	40
4	后落肩	S/10	3.9	20	前臀高	19（定寸）	19
5	后袖窿深	B/4+2	26	21	前胸宽	B/6+1.5	17.5
6	后背长	号 /4	40	22	前胸围大	B/4+1	25
7	后臀高	19（定寸）	19	23	前腰围大	W/4+1+2.5	22
8	后肩宽	S/2+0.5	20	24	前臀围大	H/4	24
9	后背宽	B/6+2.5	18.5	25	前下摆宽	下摆宽 /4	23.5
10	后胸围大	B/4–1	23	26	袖长	袖长尺寸	57
11	后腰围大	W/4–1+2.5	20	27	袖宽	B/5–1	18.2
12	后臀围大	H/4	24	28	袖山深	AH/3	17
13	后下摆宽	下摆宽 /4	23.5	29	袖肘线	袖长 /2+2.5	31
14	前领口深	N/5+1	9.8	30	袖口	袖口围 /2	12
15	前领口宽	N/5–0.5	8.3	31	领宽	5（定寸）	5
16	前落肩	S/10+1	4.9	32	领长	N/2	22

2. 女式大衣的样板制作步骤

（1）后衣片

①后中线：做一条平行于布边的直线。

②上平线：做一条垂直于后中线的直线。

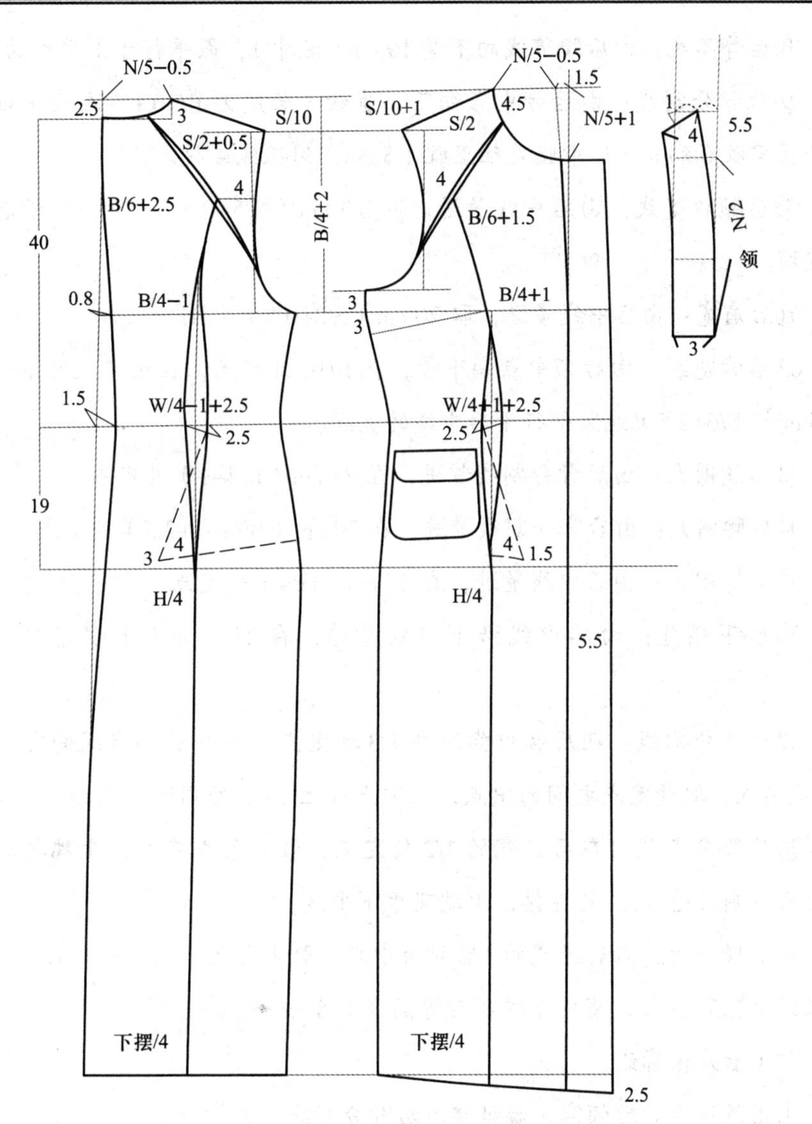

图 1–25　女式大衣前片、后片、领片样板

③下平线（衣长线）：距离上平线 120 cm（衣长），做平行于上平线的直线。

④后领口深线：由上平线向下量 2.5 cm，做平行于上平线的直线。

⑤后落肩线：由上平线向下量 3.9 cm（S/10），做平行于上平线的直线。

⑥后袖窿深线：由上平线向下量 26 cm（B/4+2），做平行于上平线的直线。

⑦后背长线（后腰节线）：由上平线向下量 40 cm（号 /4），做平行于上平线的直线。

⑧后臀高线：由后腰节线向下量 19 cm（定寸），做平行于上平线的直线。

⑨后背分割线：由后领中点向下画直线（长度为 B/10），在后中袖窿深线处往里收 0.8 cm，后中腰处往里收 1.5 cm，用弧线连接。

⑩后领口宽线：由后中线量进，取 8.3 cm（N/5–0.5），做平行于后中线的直线。

⑪后肩宽：由后中线量进，取 20 cm（S/2+0.5）定点。

⑫后背宽线：由后领中点向下量，在 B/10 处定点，在该定点处量进，在 18.5 cm（B/6+2.5）处做平行于后中线的直线。

⑬后胸围大：由后背分割线量进，在 23 cm（B/4–1）处定点。

⑭后腰围大：由后背分割线量进，在 20 cm（W/4–1+2.5）处定点。

⑮后臀围大：由后中线量进，在 24 cm（H/4）处定点。

⑯后下摆宽：由后中线沿下平线量进，在 23.5 cm（下摆宽 /4）处定点。

⑰后肩分割线：在后领口靠颈肩 1/3 处定点，在与后袖窿深的交点往上 1/3 处定点，取两定点之间的中点，在中点往上 1 cm 处用弧线画顺。

⑱后腰分割线：在后腰宽的 1/2 处定点，做一条垂直线，上端与后肩宽和后肩分割线过 3 cm 处连接，下端交于下平线。

⑲后腰省大：以后腰宽的 1/2 处为中点，取省大 2.5 cm，省尖上端在后袖窿深线上 2.5 cm 处，省尖下端在后臀高线上 5 cm 处。

（2）后片轮廓线

①用弧线画顺后领窝、后袖窿、后背分割线。

②用直线连接领宽点和肩宽点，用弧线连接画顺后侧缝线。

③用弧线画顺后肩分割线、后身分割线轮廓线、下摆轮廓线。

（3）前片基础线

①前中线：做一条垂直相交于上平线的直线。

②前落肩线：从上平线向下量，取 4.9 cm（S/10+1），做平行于上平线的直线。

③前袖窿深线：由上平线向下量，取 23 cm（B/4+2–3），做平行于上平线的直线。

④前腰节线（前腰长线）：由上平线向下量 40 cm（号 /4），做平行于上平线的直线。

⑤前臀高线：由前腰节线向下量，取 19 cm（定寸），做平行于前腰节线的直线。

⑥撇胸线：由前中线量进，在 1.5 cm 处定点；在前袖窿深线上 3 cm 处定点，连接两定点。

⑦前领口宽线：由前中撇胸线量进，取 8.3 cm（N/5–0.5），做平行于前中线的直线。

⑧前领口深线：由上平线向下量，取 9.8 cm（N/5+1），做平行于上平线的直线。

⑨前肩宽：由撇胸线量出，斜量至前落肩线，在 19.5 cm（S/2）处定点。

⑩前胸宽线：由前中线量进，取 17.5 cm（B/6+1.5），做平行于前中线的直线。

⑪前胸围大：由前中线量进，在 25 cm（B/4+1）处定点。

⑫前腰围大：由前中线量进，在 22 cm［W/4+1+2.5（褶量）］处定点。

⑬前臀围大：由前中线量进，在 24 cm（H/4）处定点。

⑭前下摆宽：由前中线量进，在 23.5 cm（下摆宽 /4）处定点。

⑮前肩分割线：在前领口靠颈肩下 4.5 cm 处定点，用直线连接该定点与前袖窿深和胸围线的交点往上 1/3 处，在直线中点往上 1.5 cm 处用弧线画顺。

⑯前腰分割线：在胸围线上，在前胸宽的 1/2 处往前袖窿方向移 1 cm，定点，在该定点处平行前中线做一条直线，上端与前胸宽和前肩分割线过 4 cm 处连接，下端交于下平线。

⑰前腰省大：以前腰宽与前腰节线的交点为中点，取省大 2.5 cm，省尖上端在胸围线下 4 cm 处，省尖下端在臀围线上 5 cm 处。

⑱前贴袋：平行腰线，在腰线下 4 cm 处做袋口位，在离前腰分割线 1.5 cm 处做袋边线，贴袋规格为［B（宽）/10+3］×［B（长）/10+5］，袋口折反为（4.5 × B/10+3）。

⑲荷叶饰边：上边平行于腰节线，宽度等于前侧腰长与后侧腰长之和，

在臀围线上 1.5 cm 处定点，该定点与腰节线间的距离为前片分割线长；在臀围线上 2.5 cm 处定点，该定点与腰节线间的距离为后片分割线长；由荷叶饰边上边中点向下量 13 cm，定点，连接三处定点后将其分为 6 等份，切展，切展量为每份 4 cm，然后用弧线画顺。

（4）前片轮廓线

①用弧线画顺前领窝、前袖窿。

②用直线连接领宽点和肩宽点，用弧线连接画顺前侧缝线、前门襟线。

③用弧线画顺前肩分割线、前身分割线轮廓线、下摆轮廓线。

④用弧线画顺前贴袋、荷叶饰边轮廓线。

（5）袖片基础线

①前袖侧直线：平行于布边做一条直线。

②袖上平线：做垂直于前袖侧直线的直线。

③袖下平线：距离袖上平线 57 cm（袖长），做平行于袖上平线的直线。

④袖宽线：由前袖侧直线量进，取 18.2 cm（B/5–1），做平行于前袖侧直线的直线。

⑤袖山深线：从袖上平线往下量，取 17 cm（AH/3），做平行于袖上平线的直线。

⑥前大袖宽线：由前袖侧直线量出，取 4 cm 为前大袖宽偏线，左右两侧相等。

⑦前小袖宽线：由前袖侧直线量进，取 4 cm 为前小袖宽偏线，左右两侧相等。

⑧袖肘线：从袖上平线往下量，取 31 cm（袖长 /2+2.5），做平行于袖上平线的直线。

⑨前袖弧线：将 AH 线分为 4 份，在 1/4 处、3/4 处分别向上移动和向下移动 1.5 cm，定点，用弧线画顺。

⑩后袖弧线：将 AH 线分为 3 份，在 1/3 处向上移动 2.5 cm，定点，用弧线画顺。

⑪大袖前袖缝线：在袖肘线与前大袖宽线的交点入 1.5 cm 处定点，上端连接前袖山深点，下端连接前大袖宽线往外 1 cm 处的袖口宽点，用弧线画顺。

⑫小袖前袖缝线：平行于大袖前袖缝线，在前小袖宽线上做小袖前袖缝线。

⑬袖口宽：在袖下平线上，由前大小袖宽线之间距离的中点，斜量至后袖口宽点（在后袖口处向下移动 1.5 cm），取 12 cm（袖口宽的 1/2）。

⑭大袖后袖缝线：在后袖山深的 1/3 处垂直向下移动至袖肘线往里入 2 cm 处，定点，在该定点与后袖口宽点之间画弧线。

⑮小袖后袖缝线：在大袖后袖缝线顶端水平往里 4 cm 处定点，在袖山深线和大袖后袖缝线的交点往里 3 cm 处定点，在袖肘线和大袖后袖缝线的交点往里入 2 cm 处定点，在三处定点与后袖口宽点之间画弧线。

⑯大袖分割：将前肩、后肩分别割补至前后大袖山弧线上，前肩端点交于前袖山弧线的 1/2 处，后肩端点交于后袖山弧线的 1/3 处。

⑰袖肩褶裥：以袖肩端点为中点，向两边以 1 cm 为半径放射性设置 5 条线，将这 5 条线切展，切展量为每份 2.5 cm，形成褶裥。

（6）袖片轮廓线

①用弧线画顺大袖轮廓线、小袖轮廓线。

②用弧线画顺袖口轮廓线。

（7）领子基础线

①领后中线：平行于布边做一条直线。

②领上平线：垂直领后中线做一条直线。

③领下平线（领宽）：距离领上平线 5 cm，做平行于领上平线的直线。

④领长：平行领后中线，在领下平线上量取 22 cm（N/2）。

（8）领片轮廓线

①用弧线连接领脚口轮廓线。

②用弧线连接领外口轮廓线。

训练

（2）参照表 1-1、图 1-25、图 1-26，独立完成女式大衣样板制作与检验，然后回答下列问题。

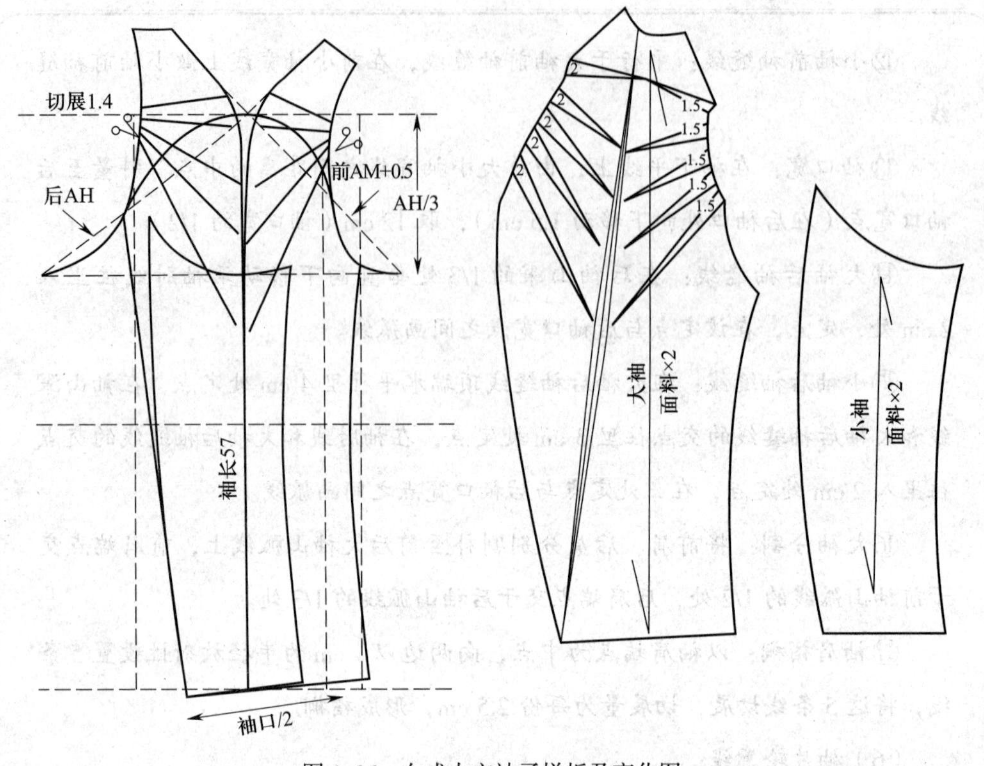

图 1-26　女式大衣袖子样板及变化图

①在图 1-25 中，前片、后片的刀背缝分割线是如何处理的？胸省是怎样转移的？

②在图 1-25 中，前片、后片的胸围量是如何分配的？

③在女式大衣样板制作中，前贴袋是什么形式的？贴袋的位置是如何设定的？

④在女式大衣样板制作中，荷叶饰边的位置及荷叶饰边的具体尺寸是如何设定的？

⑤在图1-25中，女式大衣的袖窿深是如何计算的？袖窿深处理量是多少？

⑥在图1-25中，女式大衣前肩、后肩的分割是如何设定的？

⑦在图1-26中，袖山深与袖宽是如何设定的？

⑧在图1-26中，袖子是如何从基础袖变化为插肩袖的？在前后袖片割补时要注意哪些问题？

⑨在女式大衣样板制作中，插肩袖比基础袖多了哪些结构形式？在样板上是如何设定的？应如何处理衣身和肩部的关系？为什么要这样处理？

⑩在女式大衣样板制作中，折反袖口是如何绘制的？

⑪在图 1-25 中，领子是如何绘制的？

⑫在图 1-25 中，贴袋的规格是如何设定的？

小贴士

1. 女式大衣样板放缝要求

（1）前片、后片、袖片放缝

①面料：前片、后片、袖片一般放缝 1 cm，后中放缝 1.5 cm，衣摆及袖摆放缝 4 ~ 4.5 cm。

②里料：前片、后片一般放缝 1 cm，后中放缝 2.5 cm，衣摆及袖摆放缝 2 ~ 2.5 cm，袖窿底放缝 2.5 cm。

（2）零部件放缝

①挂面四周放缝 1 cm。

②领面放缝 1.5 cm，领底放缝 1 cm，贴袋四周各放缝 5 cm，嵌边条放缝 1 cm。

③荷叶饰边四周各放缝 1 cm。

④折反袖口放缝 2 cm，其余三边各放缝 1 cm。

2. 女式大衣面料样板缝份加放示意图（见图 1-27）

3. 女式大衣里料样板缝份加放示意图（见图 1-28）

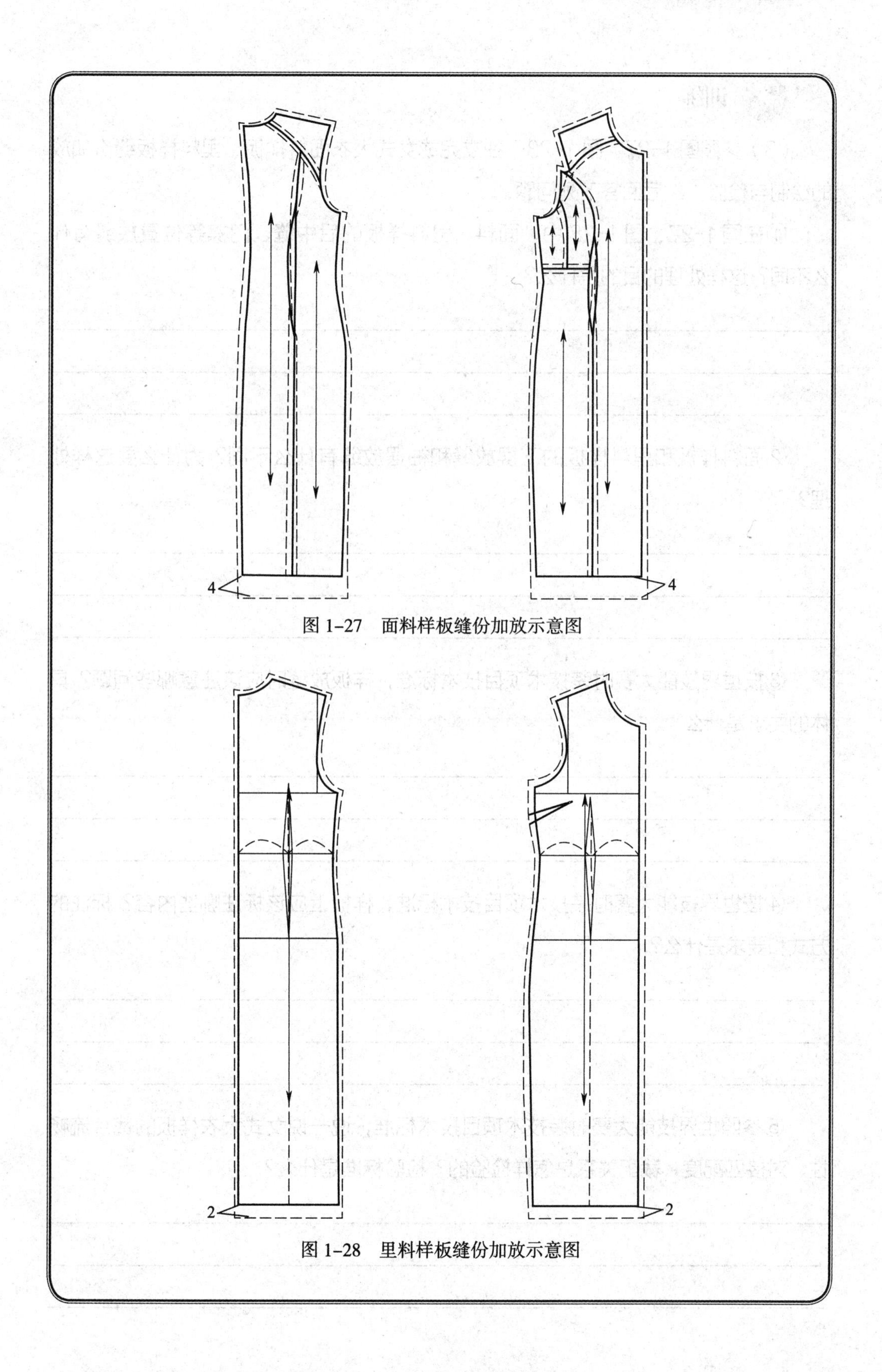

图 1-27　面料样板缝份加放示意图

图 1-28　里料样板缝份加放示意图

训练

（3）参照图 1-27、图 1-28，独立完成女式大衣面料样板、里料样板缝份加放的绘制与检验，然后回答下列问题。

①在图 1-27、图 1-28 中，面料、里料样板的后中缝、门襟等位置放缝有什么不同？这样处理的目的是什么？

②面料样板和里料样板的下摆放缝和袖摆放缝有什么不同？为什么要这样处理？

③按世界技能大赛时装技术项目技术标准，样板放缝时应该注意哪些问题？具体的要求是什么？

④按世界技能大赛时装技术项目技术标准，样板上应该标注哪些内容？标注的方式和要求是什么？

⑤参照世界技能大赛时装技术项目技术标准，说一说女式大衣样板的裁片流畅性、对接匹配度、裁配关系是怎样检验的？检验标准是什么？

⑥衬料的样板有多少块？具体是哪些？

⑦该款女式大衣需绘制多少块样板？样板名称分别是什么？

检验修正

（4）在教师的指导下，对照表 1-1，独立完成女式大衣基础样板的尺寸测量，并将测量结果填写在表 1-7 中。

表 1-7　　基础样板尺寸记录表　　单位：cm

号型	类型	衣长	肩宽	胸围	腰围	臀围	摆围	领围	袖长	袖口
160/84A（M）	设定尺寸	120	39	96	74	96	94	44	57	24
	实测尺寸									

分类整理

（5）在全面核查的基础上，对女式大衣的基础样板进行分类整理，填写表 1-8，并写出封样意见，然后对照封样意见，将基础样板调整到位。

表 1-8　　基础样板汇总清单

基础样板	裁剪样板数量	工艺样板数量
面料样板		
里料样板		
衬料样板		
修正板		
定位板		
定型板		

封样意见

____

____

____

小贴士

1. 推板放码前技术资料准备

（1）产品的结构图纸。结构图纸是打制样板的直接依据。推板放码时必须准确地掌握产品的款式造型和内在的结构特点。

（2）产品的技术标准。产品的技术标准也是产品的质量标准。推板放码时要了解、掌握该批产品号型规格，各部位的具体规格和公差规定，部件的丝绺方向、拼接部位以及内部结构等。

2. 推板放码的方法

（1）推画法。推画法又称一图全号法，它的实施步骤如下：将每一个裁片，先用大张的样板软纸把母板（标准板）拓画出来，然后按照号型系列的档差进行计算、档差分配和推画，通过准确地推移、放缩，画出各个号型的样板的轮廓线，使同一裁片的全套号型样板准确地呈叠层状展示在同一纸面上；再以此作为"底板"，把各个号型的样板纸依次铺在"底板"下面，用点线器等工具沿各个号型的轮廓线及省、裙、口袋等位置的线条轧印，再在样板纸上按轧印进行画线、连接与标记，并将其打制成裁剪样板。将各个裁片和部件的各个号型的样板拓画齐全，整套样板就完成了。

（2）推剪法。推剪法又称摞剪法，样板规格、各部位的档差及分配与推画法相同。它的实施步骤如下：将母板（中号板）和需要推板的样板纸小号在上、大号在下摞在一起，根据各个部位的档差和分配情况，上下左右移动，找出各个号型样板的大轮廓线或各条边线交点的位置，再画好边线和弯线并进行剪推。

训练

（6）在教师的指导下，参照表1-1、表1-9、表1-10、表1-11和图1-29、图1-30，以M码为基准码，独立完成女式大衣系列样板的推放与检验，然后回答下列问题。

表 1-9 女式大衣（前片）各部位档差计算及放缩值

单位：cm

部位	档差及计算方法				放缩部位及放缩值				
	纵档差	计算方法	横档差	计算方法	部位	放缩值	部位	放缩值	备注
袖窿深	4÷5=0.8	胸围档差 /5	1÷5=0.2	领围档差 /5	门襟处		颈肩点	0.8 ↑ ← 0.2	
前领深	0.8-1÷5-0.1=0.5	袖窿深纵档差 - 领围档差 /5- 调节数	0	横向不推移	门襟处	0.5 ↑			纵档减 0.1 调节数
前围宽	0	纵向不推移	（4÷4）÷2 =0.5	（胸围档差 /4）/2	前中片公主缝处	← 0.5	前侧缝	← 0.5	
腰围	2÷4=0.5	衣长档差 /4	（4÷4）÷2 =0.5	（腰围档差 /4）/2	前中片公主缝处	← 0.5 ↓ 0.5	前侧缝	← 0.5 ↓ 0.5	
臀围	4÷6 ≈ 0.67	臀围档差 /6	（4÷4）÷2 =0.5	（臀围档差 /4）/2	前中片公主缝处	← 0.5 ↓ 0.67	前侧缝	← 0.5 ↓ 0.67	
前下摆	2-0.8=1.2	衣长档差 - 袖窿深纵档差	（4÷4）÷2 =0.5	（摆围档差 /4）/2	前中片公主缝处	← 0.5 ↓ 1.2	前侧缝	← 0.5 ↓ 1.2	

表 1-10　女式大衣（后片）各部位档差计算及放缩值　单位：cm

部位	档差及计算方法				放缩部位及放缩值				
	纵档差	计算方法	横档差	计算方法	部位	放缩值	部位	放缩值	备注
袖窿深	4÷5=0.8	胸围档差 /5	1÷5=0.2	领围档差 /5	颈肩点	0.8 ↑ ← 0.2	后中	0.5 ↑	
后领深	0.8-0.2-0.1=0.5	袖窿深纵档差 - 袖窿深横档差 - 调节数	0	横向不推移			后中	0.5 ↑	纵档减 0.1 调节数
后围宽	0	纵向不推移	（4÷4）÷2 =0.5	（胸围档差 /4）/2	后侧缝	← 0.5	后中片	← 0.5	
腰围	4÷8=0.5	腰围档差 /8	（4÷4）÷2 =0.5	（腰围档差 /4）/2	后侧缝	← 0.5 ↓ 0.5	后中片	← 0.5 ↓ 0.5	
臀围	4÷6 ≈ 0.67	臀围档差 /6	（4÷4）÷2 =0.5	（臀围档差 /4）/2	后侧缝	← 0.5 ↓ 0.67	后中片	← 0.5 ↓ 0.67	
后下摆	2-0.8=1.2	衣长档差 - 袖窿深纵档差	（4÷4）÷2 =0.5	（摆围档差 /4）/2	后侧缝	← 0.5 1.2 ↓	后中片	← 0.5 1.2 ↓	

表 1-11　女式大衣（袖片、领片）各部位档差计算及放缩值　单位：cm

部位	档差及计算方法				放缩部位及放缩值				
	纵档差	计算方法	横档差	计算方法	部位	放缩值	部位	放缩值	备注
插肩领口	0.8-0.2-0.1=0.5	袖窿深纵档差 - 袖窿深横档差 - 调节数	0.8-0.2-0.1=0.5	袖窿深纵档差 - 袖窿深横档差 - 调节数	前颈肩点	←0.3 0.5↑	后颈肩点	0.3→ 0.5↑	
大袖肥	0	纵向不推移	4÷4÷2=0.5	（胸围档差 /4）/2	前袖缝	0	后袖缝	0.5→	
小袖肥	0	纵向不推移	4÷4÷2=0.5	（胸围档差 /4）/2	前袖缝	0	后袖缝	0.5→	
大袖口	1.5-0.5=1	袖长档差 - 插肩领口纵档差	1÷2=0.5	袖口档差 /2	前袖缝	1↓	后袖缝	0.5→ 1↓	
小袖口	1.5-0.5=1	袖长档差 - 插肩领口纵档差	1÷2=0.5	袖口档差 /2	前袖缝	1↓	后袖缝	0.5→ 1↓	
领口	0	纵向不推移	1	领围档差	左领口	←0.5	右领口	←0.5	

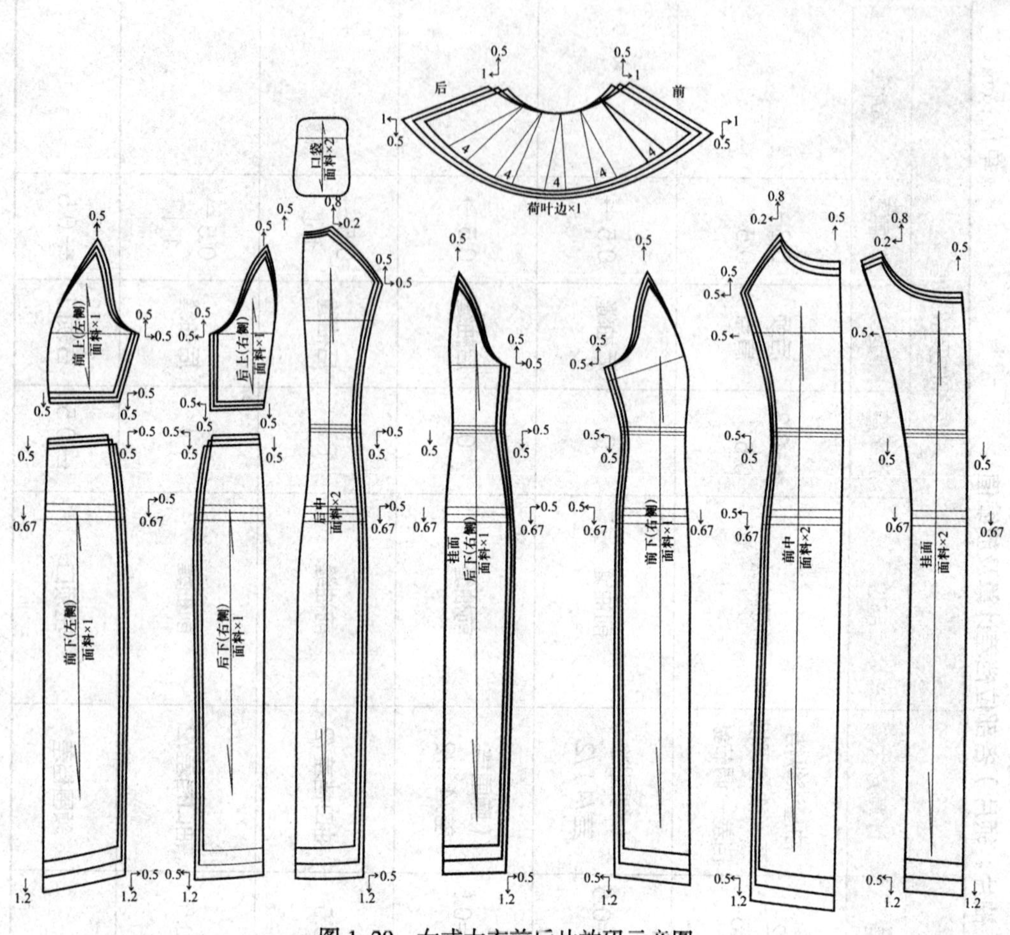

图 1-29　女式大衣前后片放码示意图

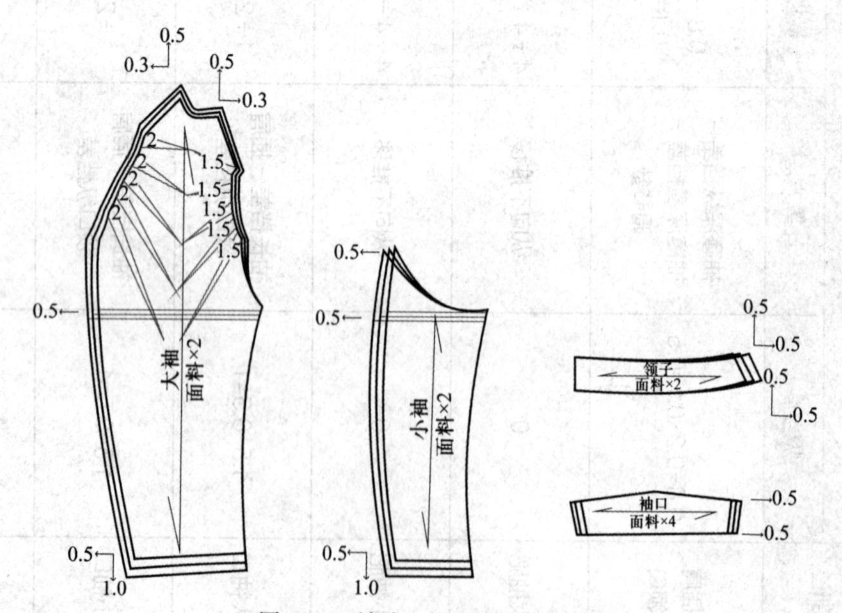

图 1-30　袖片、领片放码示意图

①在推板过程中，前片、后片、袖片在放码时，基准点该如何设置？为什么？

②前片、后片在水平放码时，前片、后片、侧片、袖片在横向放码时，档差量该如何分配？为什么？

③前片、后片在垂直放码时，前片、后片、侧片、袖片在纵向放码时，档差量该如何分配？为什么？

④在放码时，插肩袖长度的放缩值是如何计算的？具体控制的标准是什么？

⑤在放码时，插肩袖袖肥的放缩值是如何计算的？为什么？

⑥在放码时，前后袖窿的放缩值是如何计算的？这样处理的依据是什么？

⑦在放码时，袖口的放缩值是如何计算的？这样处理的依据是什么？

⑧在放码时，领围的档差是 1 cm，前后领宽的推档数据是 0.2 cm，这是怎样计算出来的？

⑨在放码时，立领的放缩值是如何计算的？这样处理的根据是什么？

小贴士

样板复核的内容主要有以下几项：

1. 规格的复核：实际完成的样板的规格必须与原始设计资料给出的样板的规格吻合。原始设计资料中都会有关键部位的规格、允许的误差范围及正确的测量方法。这些关键部位的规格因服装款式的不同而有所不同。净样板完成后，必须根据原始设计资料所要求的测量方法对各个关键部位样板进行逐一复核，保证样板尺寸符合原始设计资料的要求。

2. 缝合线的复核：衣片缝合时根据款式的造型要求，会做等长或不等长处理。对于要求缝合线等长的情况，净样板完成后，必须对缝合线进行比较复核，保证需要缝合的两条缝合线完全相等。对于要求缝合线不等长的情况，必须保证两条缝合线的长度差与结构设计时所要求的吃势量、省量、褶量或其他造型方式的需求量吻合。

3. 标识的复核：制版完成后，为了指导后续工作，必须在样板上进行必要的标识，这些标识包括对位记号、丝绺方向、面料毛向、样板名称及数量等。对位记号是指为了保证衣片在缝合时能够准确匹配而在样板上用剪口、打孔等方式做出的标记，且对位记号总是成对存在的。一般在轮廓线上做对位记号。

4. 样板数量的确定：服装款式多种多样，但无论繁简，它往往都由多个衣片组成，因此在制版完成后，应确认服装各组成部分的样板是否完整，并对其进行统一的编号。

引导问题

（7）对照表 1-1 给出的制版工艺要求和图 1-29、图 1-30，独立完成女式大衣系列样板的复核，如果有遗漏或错误，及时修正，然后回答下列问题。

①结合世界技能大赛时装技术项目技术标准，说一说女式大衣系列样板推放的质量要求。

______

______

______

②按世界技能大赛时装技术项目技术标准，说一说女式大衣系列样板复核的内容。

______

______

______

③在放码时，袖窿与袖山对位点的匹配推放是工作难点，请在教师的指导下，写出女式大衣系列样板袖窿与袖山对位点复核的方法。

______

______

______

④在放码时，袖窿与插肩袖的长度匹配推放是工作重点，请在教师的指导下，写出检验女式大衣系列样板袖窿与插肩袖长度是否匹配的方法。

引导问题

（8）在教师的指导下，对照表 1-1，独立完成女式大衣系列样板的复核，并将复核结果填写在表 1-12 中。

表 1-12　女式大衣系列样板复核记录单

产品型号			产品全称		
本批产品总数			销往地区		
样板编号			样板总数		
面料样板数量		里料样板数量		衬料样板数量	
工艺样板数量		定位样板数量		净样板数量	

各部位规格复核

部位	情况说明
衣长	
领围	
胸围	
肩宽	
腰围	
臀围	
摆围	
袖长	
袖口	

样板规格误差分析：

样板组合部位是否吻合、圆顺、整齐：

样板制作人：　　　　复核人：　　　　日期：

分类整理

（9）在全面复核系列样板的基础上，对女式大衣的系列样板进行分类整理，填写表 1-13、表 1-14，并写出封样意见，然后对照封样意见，将系列样板调整到位。

表 1-13　　女式大衣系列样板号型规格核对表　　单位：cm

号型	衣长	肩宽	胸围	腰围	臀围	摆围	领围	袖长	袖口
155/80A（S）									
160/84A（M）									
165/88A（L）									

表 1-14　　女式大衣系列样板汇总清单

样板类型	155/80A（S）		160/84A（M）		165/88A（L）	
	裁剪样板	工艺样板	裁剪样板	工艺样板	裁剪样板	工艺样板
面料样板						
里料样板						
衬料样板						
修正板						
定位板						
定型板						

封样意见

____

____

____

4. 学习检验

检验修正

请在教师的指导下，参照世界技能大赛评分标准完成女式大衣系列样板推放质量检验并填写表 1-15，然后将女式大衣系列样板调整到位。

表 1–15　　　　　　　　女式大衣系列样板评分表

序号	分值	评分项目	评分内容	评分标准	得分
1	15	完成女式大衣系列样板制作	按照生产工艺单要求，完成女式大衣系列样板制作	完成得分，未完成不得分	
2	15	整洁度	样板整洁，裁剪得当，无污垢，可读性强，没有双重线	有一处错误扣 5 分，扣完为止	
3	20	规格	所有生产用样板得以呈现，如果有需要可参考款式图；利用样板可以制作款式图所示的服装；样板大小比例与款式、号型、规格相符	有一处错误扣 5 分，扣完为止	
4	10	样板丝绺	所有样板上都有用水笔标识的丝绺方向；样板上丝绺标记为全长，丝绺或折痕处带箭头	有一处错误扣 5 分，扣完为止	
5	10	缝份	所有大小相等的缝份都要保持相同的宽度，所有需要对应的缝份也要完全对应上；缝份线条流畅、对接匹配	有一处错误扣 5 分，扣完为止	
6	20	样板功能	剪口、打孔平衡：服装设计中的特色部分，按纽、纽孔处要打剪口；在所有样板上为缝份打出合适的剪口或用铅笔（或水笔）进行合理标注，边角处不得两边都打剪口	有一处错误扣 5 分，扣完为止	
7	10	工作区整洁	工作结束后，工作区要整理干净，关闭机器、设备电源	有一处不整理扣 5 分，扣完为止	
合计得分					

引导、评价、更正与完善

在教师讲评引导的基础上，对本阶段的学习活动成果进行自我评价和小组评价（100 分制），之后独立用红笔对本阶段有关问题的回答进行更正和完善。

项目	类别	分数	项目	类别	分数
个人自评分	关键能力		小组评分	关键能力	
	专业能力			专业能力	

（四）成果展示与评价反馈

1. 知识学习

学习展示的基本方法、评价的标准和方法。

（1）展示的基本方法：平面展示法、人台展示法和其他展示法。

（2）评价的标准：对照表 1-1，参照世界技能大赛评分标准对女式大衣全套系列样板进行评价。

（3）评价的方法：目测、工具测量、比对、校验等。

世赛链接

世界技能大赛时装技术项目对服装样板与款式的匹配度、样板缝份的流畅性、剪口标识的完整性以及样板丝绺标注的准确性等都有严格的评判标准。

2. 技能训练

实践

将女式大衣系列样板放在干净的工作台上平面展示。

3. 学习检验

引导问题

（1）在教师的指导下，在小组内进行作品展示，然后经由小组讨论，推选出一组最佳作品，进行全班展示与评价，并由组长简要介绍推选的理由，小组其他成员做补充并记录。

小组最佳作品制作人：________________

推选理由：____

____

其他小组评价意见：____

____

教师评价意见：____

____

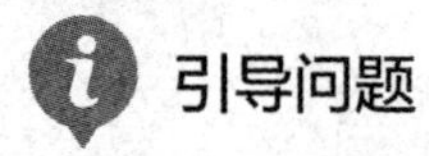

引导问题

（2）将本次学习活动中出现的问题及其产生的原因和解决的办法填写在表 1–16 中。

表 1–16　问题分析表

出现的问题	产生的原因	解决的办法

自我评价

（3）将本次学习活动中自己最满意的地方和最不满意的地方各写两点，并简要说明原因，然后完成表 1–17 中相关内容的填写。

最满意的地方：________________

最不满意的地方：________________

表 1–17　学习活动考核评价表

学习活动名称：女式大衣制版

班级：　学号：　姓名：　指导教师：

<table>
<tr><th rowspan="3">评价项目</th><th rowspan="3">评价标准</th><th rowspan="3">评价依据</th><th colspan="3">评价方式</th><th rowspan="3">权重</th><th rowspan="3">得分小计</th><th rowspan="3">总分</th></tr>
<tr><th>自我评价</th><th>小组评价</th><th>教师评价</th></tr>
<tr><th>10%</th><th>20%</th><th>70%</th></tr>
<tr><td>关键能力</td><td>1. 能穿戴劳保用品，执行安全生产操作规程
2. 能参与小组讨论，进行相互交流与评价
3. 能积极主动、勤学好问
4. 能清晰、准确地表达
5. 能清扫场地和工作台，归置物品，填写活动记录</td><td>1. 课堂表现
2. 工作页填写</td><td></td><td></td><td></td><td>40%</td><td></td><td></td></tr>
</table>

续表

<table>
<tr><th rowspan="3">评价项目</th><th rowspan="3">评价标准</th><th rowspan="3">评价依据</th><th colspan="3">评价方式</th><th rowspan="3">权重</th><th rowspan="3">得分小计</th><th rowspan="3">总分</th></tr>
<tr><th>自我评价</th><th>小组评价</th><th>教师评价</th></tr>
<tr><th>10%</th><th>20%</th><th>70%</th></tr>
<tr><td>专业能力</td><td>1. 能设定女式大衣基础样板制作规格
2. 能制订女式大衣基础样板制作计划，准备相关工具与材料，完成女式大衣样板制作
3. 能正确拷贝样板轮廓线，依据款式特点和制作工艺要求准确放缝，制作基础样板
4. 能按照样板制作技术规范，完成样板编号、标注、打孔、分类等工作
5. 能记录女式大衣基础样板制作过程中的疑难点，并在教师的指导下，通过小组讨论或独立思考、实践解决
6. 能按照企业标准（或参照世界技能大赛评分标准），准确核对女式大衣基础样板的尺寸及判断各部位的裁配关系是否吻合，并依据核对结果，将女式大衣基础样板修改、调整到位
7. 能在教师的指导下，对照技术文件，结合女式大衣工业推板的技术规范，完成女式大衣系列样板的推放、检查、整理与复核
8. 能按要求进行资料归类，正确填写或编制女式大衣工业样板制作的相关技术文件，并对女式大衣工业样板进行种类和数量检查、整理和分类，做好定位标记</td><td>1. 课堂表现
2. 工作页填写</td><td></td><td></td><td></td><td>60%</td><td></td><td></td></tr>
</table>

续表

评价项目	评价标准	评价依据	评价方式			权重	得分小计	总分
			自我评价	小组评价	教师评价			
			10%	20%	70%			
专业能力	9. 能在女式大衣工业样板制作过程中，按照企业标准（或参照世界技能大赛评分标准）及质量检测标准，动态检验样板制作结果，并在教师的指导下解决相关问题 10. 能展示、评价女式大衣工业样板制作阶段成果，并根据评价结果做出相应反馈	3. 提交的女式大衣基础样板 4. 提交的女式大衣系列样板						
指导教师综合评价	指导教师签名： 日期：							

三、学习拓展

本阶段学习拓展建议课时为 8 ~ 10 课时，要求学生在课后独立完成。教师可根据本校的教学需要和学生的实际情况选择部分内容或全部内容进行实践，也可另行选择相关拓展内容，也可不实施学习拓展，将这部分课时用于学习过程阶段实践内容的强化。

拓展 1

在教师的指导下，通过小组讨论交流，完成图 1-31 所示女式短装大衣的样板制作，它的尺寸明细见表 1-18。该款大衣装插肩袖、大翻驳领，前门襟钉 1 粒纽扣，衣身前胸左右部位各装有活胸贴，分割缝处装有暗缝袋，有高低下摆，装折反袖克夫。

图 1-31　女式短装大衣

表 1-18　女式短装大衣尺寸明细表　单位：cm

号型	衣长	肩宽	领口	胸围	袖长	袖口
160/84A	56	39	40	96	57	25

拓展 2

在教师的指导下，通过小组讨论交流，完成图 1-32 所示女式 H 形长款大衣的样板制作，它的尺寸明细见表 1-19。该款大衣装关门小翻领，领头分为上领、下领（上盘、下盘）；装平装袖；前片有横向分割缝，左右对称各装一条装饰带；装斜插袋；前门襟钉纽扣 2 粒；衣摆后中下段开衩。

图 1-32　女式 H 形长款大衣

表 1-19　　女式 H 形长款大衣尺寸明细表　　单位：cm

号型	衣长	胸围	袖长	袖口	肩宽	领围
160/84A	120	96	58	26	39	40

学习任务二

夹克衫制版

学习目标

1. 能严格遵守工作制度，在工作中养成严谨、认真细致的职业素养，服从工作安排。

2. 能按照安全生产防护规定，穿戴劳保用品，执行安全生产操作规程。

3. 能查阅相关技术资料，按要求准备好夹克衫工业样板制作所需的工具、设备、材料及各项技术文件。

4. 能识读夹克衫生产工艺单，明确夹克衫工业样板制作要求，准确核对夹克衫工业样板制作所需的各项数据。

5. 能在教师的指导下，按夹克衫工业样板制作要求，制订夹克衫工业样板制作计划，并通过小组讨论做出决策。

6. 能按夹克衫工业样板制作的计划，依据技术文件要求，结合夹克衫工业制版规范，独立完成夹克衫基础样板的制作、检查与复核。

7. 能对照技术文件，对基础样板进行复核，并依据复核结果将夹克衫基础样板修改、调整到位。

8. 能在教师的指导下，对照技术文件，结合夹克衫工业推板的技术规范，完成夹克衫系列样板的推放、检查、整理及复核。

9. 能记录夹克衫工业样板制作过程中的疑难点，通过小组讨论，提出妥善解决问题的办法。

10. 能展示夹克衫工业样板制作各阶段成果，并进行评价。

11. 能根据评价结果做出相应反馈。

12. 在操作过程中能严格遵守教学场地“8S”管理规定。

建议课时

30 课时。

学习任务描述

学生接到学习任务并明确学习目标后，应按以下流程实施学习任务：①查阅夹克衫工业样板制作的相关资料，准备好用于实施任务的工具、设备、技术文件及相关学习材料，在教师的指导下，依据夹克衫生产工艺单及夹克衫工业样板制作的相关要求，制订夹克衫基础样板制作计划，并通过小组讨论做出决策，独立完成夹克衫基础样板的制作、检查与复核，并依据检查与复核结果将基础样板调整到位。②在教师的指导下，对照技术文件，结合夹克衫工业推板的技术规范，完成夹克衫系列样板的推放，并对夹克衫工业样板进行种类和数量检查、整理、分类以及做好定位标记。③按照生产工艺单的要求进行质量检验，判断夹克衫工业样板的裁配关系是否吻合，种类是否齐全，数量是否准确，并对制作完成的夹克衫工业样板进行展示和评价。④清扫场地和工作台，归置物品。

学习活动

男式夹克衫制版。

学习活动
男式夹克衫制版

一、学习准备

1. 服装打板台、男式服装人台、打板纸、绘图铅笔、放码尺等。

2. 安全生产操作规程、男式夹克衫生产工艺单（见表 2–1）、男式夹克衫样板制作相关学习材料。

表 2–1　　　　男式夹克衫生产工艺单

款式名称	男式夹克衫						
款式图与款式说明	款式图						款式说明：前门襟装明拉链，领型为关门翻领，两侧有斜插袋，前片、后片两侧做刀背分割线，下摆为育克脚贴；袖型为平装袖，后袖片有一条分割线；袖口处开衩，加装袖克夫
成品规格（cm）	部位	号型			档差	公差	封样意见
		165/88A（S）	170/92A（M）	175/96A（L）			
	衣长	68.5	70	71.5	1.5	±1	
	领围	43	44	45	1	±0.5	
	胸围	106	110	114	4	±2	
	肩宽	44.8	46	47.2	1.2	±0.6	
	袖长	57.5	59	60.5	1.5	±0.8	
	袖口	25	26	27	1	±0.5	

续表

制版工艺要求	1. 制版充分考虑款式特征、面料特性和工艺要求 2. 样板结构合理，尺寸符合规格要求，对合部位长短一致 3. 样板干净整洁，标注清晰规范 4. 辅助线、轮廓线界定清晰，线条平滑、圆顺、流畅 5. 样板种类齐全、数量准确、标注规范 6. 省、剪口、钻孔等位置正确，标记齐全，放缝量、折边量符合要求 7. 样板轮廓光滑、顺畅，无毛刺 8. 样板校验无误，修正到位
排料工艺要求	1. 合理、灵活应用“先大后小、紧密套排、缺口合并、大小搭配”的排料原则 2. 确保部件齐全，排列紧凑，套排合理，丝绺正确，拼接适当，空隙少，两端齐口；既要符合质量要求，又要节约原料 3. 合理解决倒顺毛、倒顺光、倒顺花，对条、对格、对花和色差布料的排料问题
算料要求	1. 充分考虑款式的特点、服装的规格、色号配比、布料幅宽及特性、裁剪损耗等 2. 宁略多，勿偏少
制作工艺要求	1. 缝制采用 14 号机针，针距密度（明暗线）为 12 ~ 14 针 /3 cm，线迹松紧适度，且中间无跳线、断线 2. 尺寸规格要求：衣长误差小于 1 cm，胸围误差小于 2 cm，袖长误差小于 0.8 cm，肩宽误差小于 0.6 cm，袖口误差小于 0.5 cm 3. 各部位规格正确，面、里、衬松紧适宜 4. 领子平服挺括，左右对称，面、里松紧适宜，止口不外吐 5. 衣身平服，丝绺正确，分割缝顺直，条格对称，左右插袋高低、宽窄一致 6. 左右过肩宽窄、高低一致 7. 门襟平服一致，止口顺直不外吐，拉链位不起拱、不起吊 8. 里料与面料相符，平服，无起吊现象 9. 袖克夫平顺，无起吊现象；左右袖克夫宽窄一致；袖口平整，大小一致 10. 各部位熨烫平服、缝线顺直，无烫黄、变色，无水渍、污渍，无破损 11. 里子光洁、平整 12. 整烫要求平、薄、挺、圆、顺、窝、活
制作流程	粘衬、打线钉→组合前片、做插袋→合缉肩缝→做里子、开里袋→装拉链→做、装领子→组合袖子分割缝→装袖、合缉袖底缝→合缉侧缝→做、装育克脚贴→做、装袖克夫→整烫→填写封样意见
备注	

3. 划分学习小组（每组 5 ~ 6 人，用英文大写字母编号），并填写表 2-2。

表 2-2　　　　小组编号表

组号	组内成员及编号	组长姓名及编号	本人姓名及编号

4. 请检查学习场地是否有剪刀、锥子、裁纸刀等工具摆放杂乱的现象；说一说剪刀、锥子、裁纸刀等工具在实训场地要摆放规范的原因。

5. 请说一说“8S”管理规定的具体内容。

世赛链接

世界技能大赛时装技术项目对服装样板的标记有着很明确的规定，样板上需包含样板尺寸、样板款式型号、样板编号、丝绺标记、样板名称、纽扣（孔）位置、缝份标记、剪口标记、样板的功能等信息。整套样板要整洁，样板线条还应流畅整齐。

二、学习过程

（一）明确工作任务，获取相关信息

1. 知识学习

小贴士

夹克衫是衣长较短、宽胸围、紧袖口、紧下摆式样的上衣。由于穿着舒适、适体、大方，它既可作为人们日常生活穿的服装，也可作为人们旅游、社

交活动时穿的服装。它有多样的造型和款式，多变的领、肩、袖、腰等，能满足众多不同“品味”的人的需要，如图 2–1 所示。

图 2–1　各类夹克衫

1. 夹克衫的种类

夹克衫按廓形不同分为以下几种：

（1）V 形夹克衫（见图 2–2）。它有夸张的肩部造型，其特点是肩部宽阔、胸围大、下摆小，风格粗犷且有力量感。

（2）T 形夹克衫（见图 2–3）。它穿起来基本合体，按男子的体形特征设计，具有精干、爽朗、轻松的视觉感。

图 2–2　V 形夹克衫

图 2–3　T 形夹克衫

（3）H 形夹克衫（见图 2–4）。它与一般两用衫造型相似，松紧适度，腰部不束紧，外形为直身型，显得大方利索。

（4）梯形夹克衫（见图 2–5）。它的下摆采用松紧、螺纹设计并收有较多余量和细褶，下摆处自然膨起，外观随意而洒脱，穿着它时，活动、抬手等较方便。

图 2-4　H 形夹克衫

图 2-5　梯形夹克衫

2. 夹克衫的结构设计

夹克衫的结构设计极富变化，它的变化主要集中在肩、门襟、下摆及分割线等部位。它的肩部常加宽、加分割装饰线，肩头则常附加襻带之类的肩饰。

（1）夹克衫门襟的形式有拉链式、揿扣式和普通搭门式 3 种，如图 2–6 所示。

图 2–6　门襟的形式

（2）夹克衫下摆的形式有螺纹或松紧带收紧式、串带式等，袖口的形式有螺纹或松紧带收紧式、袖克夫式、带袢与拉链式、扣袢式等，如图 2–7 所示。

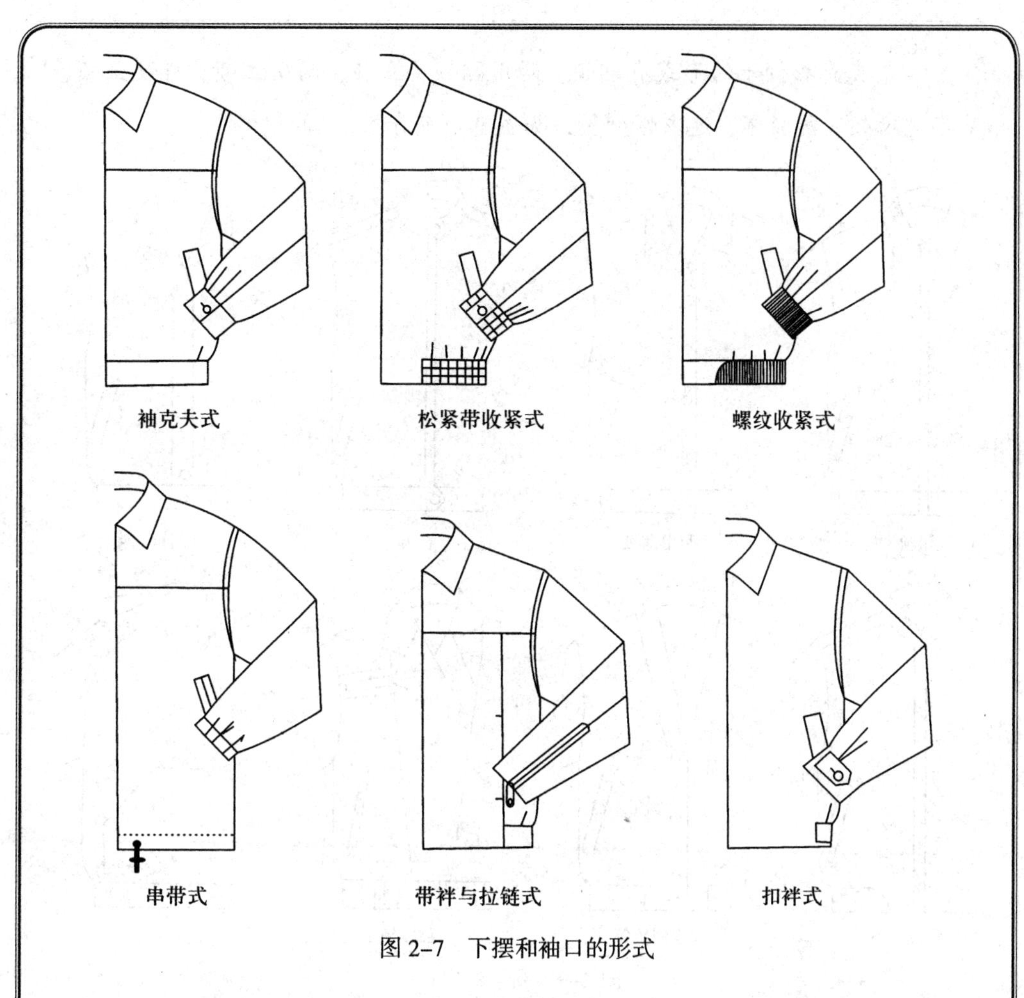

图 2–7　下摆和袖口的形式

（3）夹克衫袖子的形式有落肩袖、插肩袖（见图 2–8）、平接袖和合体圆装袖。

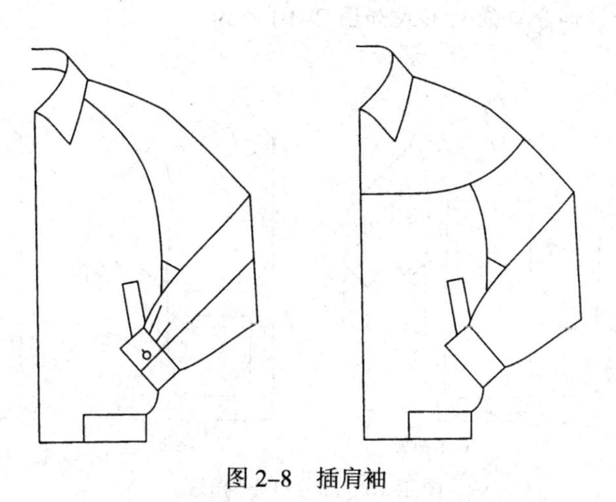

图 2–8　插肩袖

（4）夹克衫领子的形式有翻领、两用翻领、立领、两用立领、螺纹立领、V字螺纹领、翻驳领、连衣帽领等，如图2-9所示。

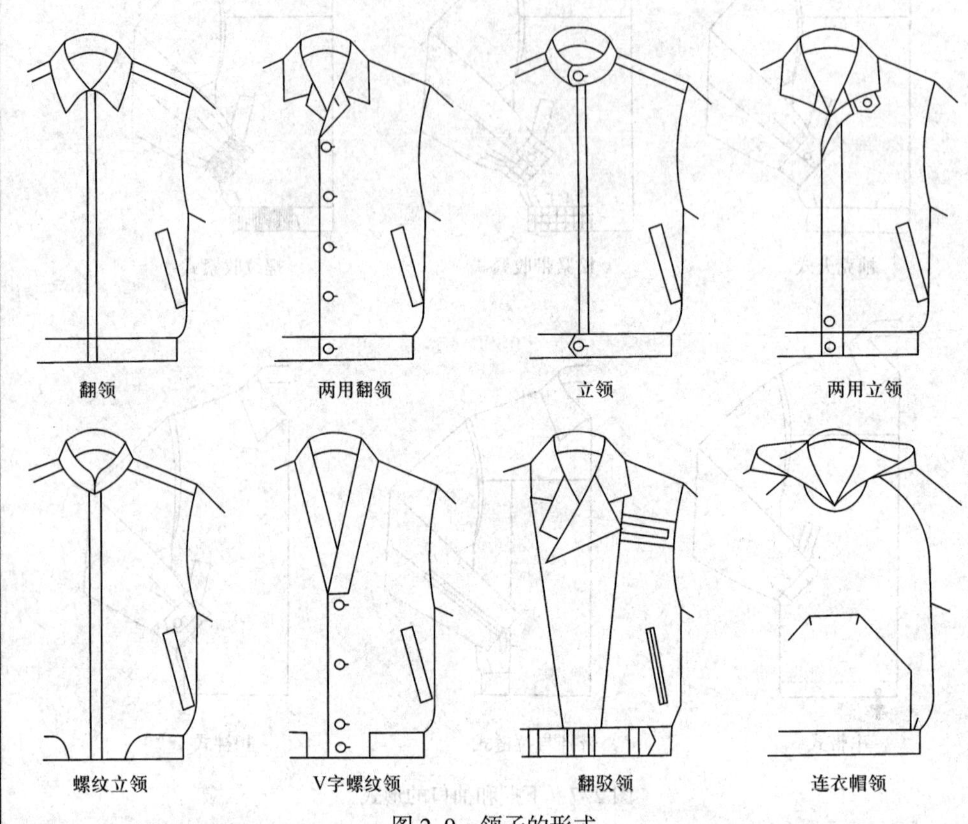

图2-9　领子的形式

（5）夹克衫口袋的形式有斜挖插袋、隐形插袋、贴袋、拉链式挖袋、开袋和立体袋等，部分口袋的形式如图2-10所示。

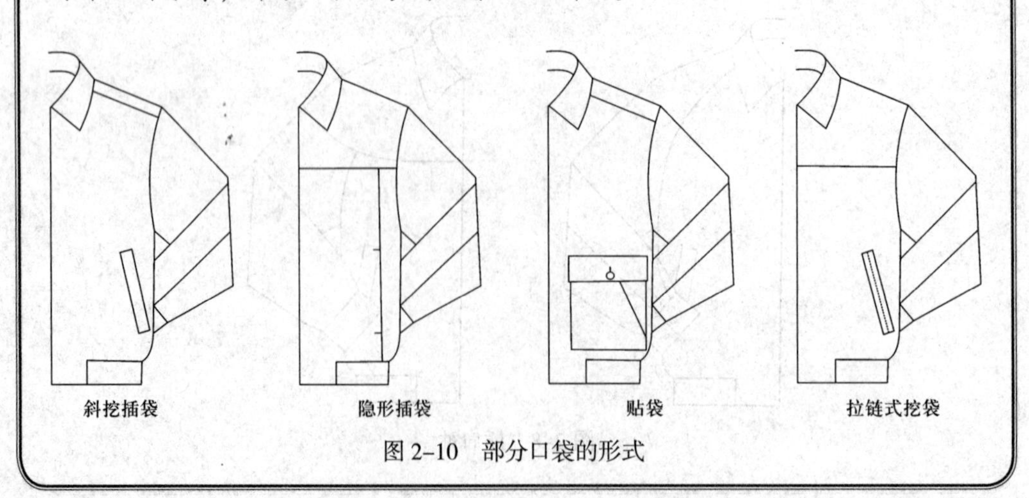

图2-10　部分口袋的形式

3. 夹克衫衣片结构

分割是夹克衫设计中常用的设计手法，分割形式主要有以下 5 种：

（1）横向分割：有横向夸大的作用，可使穿着者显得宽厚、稳重，多用于适合瘦高体形的人穿着的夹克衫的设计。

（2）竖向分割：有竖向加长的作用，可使穿着者显得单纯、刚强，多用于适合矮胖体形的人穿着的夹克衫的设计。

（3）斜向分割：有斜向伸长的作用，可使穿着者显得活泼、轻快，富有运动感，多用于运动夹克衫的设计。

（4）曲线分割：有动态加强的作用，可使穿着者显得轻盈、柔和，多用于男装的局部设计。

（5）组合式分割：横竖组合给人以稳重、刚强之感，多用于适合成熟男子穿着的夹克衫的设计。曲线、弧线组合给人以圆润、轻盈之感，多用于适合年轻男子穿着的夹克衫的设计。

4. 夹克衫的制作材料

制作夹克衫所采用的材料是多样的，制作夹克衫时要注意将面料、里料、拉链及纽扣等辅料有机地结合起来，以达到较好的制作效果。

（1）面料：冬装夹克衫的面料主要以皮革、法兰绒、精纺羊绒、华达呢、哔叽、直贡呢、苏格兰呢、粗斜纹布、灯芯绒等为主。春秋装夹克衫的面料一般为针织面料、水洗布、牛仔布、麻、化纤等。

（2）里料：里料一般具有光滑的特性，夹克衫装上里子后不仅穿着舒适、穿脱方便，里子还能保护面料，延长衣服的使用寿命，里子还有保暖、保型等作用。耐磨、耐洗、不掉色是里料应具备的特质，常用里料有美丽绸、尼龙绸、涤美绸等，要根据面料的材质合理选配里料。

辅料：制作夹克衫主要选用布黏衬、软衬、马尾衬等作衬料，同时，制作夹克衫的辅料还有拉链、纽扣、铬牌等。

查询与收集

（1）请查阅资料，简要写出夹克衫常规款式的特点以及近几年夹克衫款式变化的趋势。

查询与收集

（2）请查阅资料，写出男式夹克衫工业样板制作时的主要控制部位。

查询与收集

（3）请查阅资料，写出男式夹克衫工业样板制作的重点和难点。

2. 学习检验

引导问题

（1）在教师的引导下，独立完成表 2-3 的填写。

表 2-3　　学习任务与学习活动简要归纳表

本次学习任务的名称	
本次学习任务的内容	
本次学习任务的主要目标	
本次学习活动的名称	
本次学习活动的主要目标	
男式夹克衫工业样板的制作要求	
本次学习活动中实现难度较大的目标	

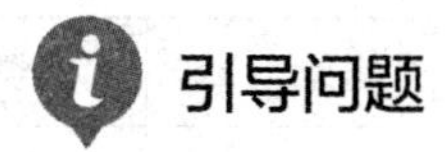

引导问题

（2）在国家标准《服装号型　男子》（GB/T 1335.1—2008）中，身高 170 cm、体型为 A 型的男子，其坐姿颈椎点高、全臂长、颈围、总肩宽、胸围、腰围和臀围各是多少？

____

____

____

引导问题

（3）请在教师的指导下，检查核对男式夹克衫工业样板制作使用的工具及材料，并填写表 2-4。

表 2-4　　工具及材料信息填写表

序号	名称	用途

引导、评价、更正与完善

请在教师讲评引导的基础上，对本阶段的学习活动成果进行自我评价和小组评价（100 分制），之后独立用红笔对本阶段有关问题的回答进行更正和完善。

项目	类别	分数	项目	类别	分数
个人自评分	关键能力		小组评分	关键能力	
	专业能力			专业能力	

小贴士

夹克衫的领型通常为翻领，前门襟拉链多数选用硬朗的金属拉链，它不仅能让穿着者穿脱方便，而且能让整件服装更挺括和有型，可为既率性又休闲的夹克衫增添几分设计感，如图 2–11 所示。

图 2–11　翻领男式夹克衫

（二）制订男式夹克衫工业样板制作计划

1. 知识学习

学习制订计划的基本方法、内容和注意事项。

制订计划参考意见：整个工作的内容和目标是什么？整个工作分几步实施？工作过程中要注意什么？小组成员之间该如何配合？出现问题该如何处理？

2. 学习检验

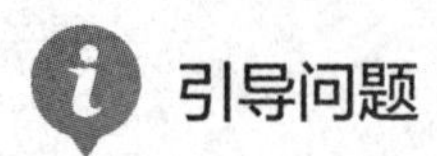

（1）请简要写出你们小组的计划。

引导问题

（2）你在制订计划的过程中承担了什么工作？有什么体会？

引导问题

（3）教师对小组的计划提出了什么修改建议？为什么？

引导问题

（4）你认为计划中哪些地方比较难实施？为什么？你有什么想法？

引导问题

（5）小组最终做出了什么决定？是如何做出的？

引导、评价、更正与完善

在教师讲评引导的基础上，对本阶段的学习活动成果进行自我评价和小组评价（100 分制），之后独立用红笔对本阶段有关问题的回答进行更正和完善。

项目	类别	分数	项目	类别	分数
个人自评分	关键能力		小组评分	关键能力	
	专业能力			专业能力	

（三）男式夹克衫工业样板制作与检验

1. 知识学习

小贴士

男式夹克衫工业样板制作流程：核对制版规格→绘制后片→绘制前片→绘制袖片→绘制领片→拷贝样片→缝份加放、折边→制作样衣→推板放码→检验核对→填写制版清单。

2. 操作演示

请扫二维码，观看男式夹克衫工业样板制作的视频。

3. 技能训练

实践

（1）在教师的指导下，依据表 2-1 提供的 M 码男式夹克衫的成品规格，通过小组讨论，填写表 2-5。

表 2-5　　　　男式夹克衫基础样板尺寸表　　　　单位：cm

号型	类型	衣长	胸围	袖长	袖口	肩宽	领围
170/92A（M）	成品尺寸	70	110	59	26	46	44
	制板尺寸						

小贴士

1. 男式夹克衫量体尺寸

（1）衣长：男式夹克衫属于短上衣，衣长尺寸一般较小，可视款式而定。

（2）胸围：男式夹克衫比一般上衣胸围的加放量大，一般为 18 ~ 38 cm，宽松式的男式夹克衫胸围加放量可再增加。

（3）肩宽：男式夹克衫多装落肩袖，肩宽的加放量较大，一般可按人体肩宽加放 3 ~ 4 cm。肩较宽时，袖长会相应减短，袖山也会较平。

（4）领围：夹克衫的领围远远大于春秋衫的，一般男式夹克衫的领围在 40 cm 以上，如果是翻驳领夹克衫，可不测量领围。

（5）袖长：夹克衫的袖子较长，因它的袖口通常用松紧带收紧，肩加宽后，袖长尺寸会相应减小。

2. 男式夹克衫版型结构设计

夹克衫是一年四季均可穿着的服装，随着季节的变化它的加放量变化会很大。因此，夹克衫的基本样板可分为三种，即夏季合体型夹克衫基本样板、春秋宽松型夹克衫基本样板、冬季防寒型夹克衫基本样板。

（1）夏季合体型夹克衫基本样板：胸围的加放量一般在 18 cm 左右。

（2）春秋宽松型夹克衫基本样板：胸围的加放量一般在 28 cm 左右。

（3）冬季防寒型夹克衫基本样板：胸围的加放量一般在 38 cm 左右。

小贴士

1. 男式夹克衫制版主要部位分配比例、尺寸见表 2-6。

表 2-6　男式夹克衫制版主要部位分配比例、尺寸　单位：cm

序号	部位	分配比例	尺寸	序号	部位	分配比例	尺寸
1	衣长	衣长尺寸	70	13	前落肩	B/20	5.5
2	后领口深	2.5（定寸）	2.5	14	前肩宽	S/2	23
3	后领口宽	N/5	8.8	15	前袖窿深	B/4+3	30.5
4	后落肩	B/20-1	4.5	16	前胸宽	B/6+1.5	19.8
5	后袖窿深	B/4+3	30.5	17	前胸围大	B/4	27.5
6	后肩宽	S/2+0.5	23.5	18	前育克宽	5.5（定寸）	5.5
7	后背宽	B/6+2.5	20.8	19	前育克长	B/4-2（褶量）	25.5
8	后胸围大	B/4	27.5	20	袖长	袖长尺寸	59
9	后育克宽	5.5（定寸）	5.5	21	袖肥	B/5+1	23
10	后育克长	B/4-2（褶量）	25.5	22	袖山高	AH/2（斜量）	14
11	前领口深	N/5+0.5	9.3	23	领宽	8（定寸）	8
12	前领口宽	N/5-0.3	8.5	24	领长	N/2	22

2. 男装夹克衫的制版步骤

（1）后片基础线

①后中线：做一条平行于布边的直线。

②后上平线：做一条垂直于后中线的直线。

③下平线：距离后上平线 70 cm（衣长），做一条平行于后上平线的直线。

④后领口深线：由后上平线向下量，取 2.5 cm，做平行于后上平线的直线。

⑤后落肩线：由后上平线向下量，取 4.5 cm（B/20–1），做平行于后上平线的直线。

⑥后袖窿深线：由后上平线向下量，取 30.5 cm（B/4+3），做平行于后上平线的直线。

⑦后领口宽线：由后中线量进，取 8.8 cm（N/5），做平行于后中线的直线。

⑧后肩宽：由后中线量进，在 23.5 cm（S/2+0.5）处定点。

⑨后背宽线：由后中线量进，取 20.8 cm（B/6+2.5），做平行于后中线的直线。

⑩侧缝直线（后胸围大线）：由后中线量进，取 27.5 cm（B/4），做平行于后中线的直线。

⑪后片分割线：将后袖窿深分 3 份，将其 1/3 处与后下摆 1/2 处用直线连接，在后袖窿深线往后中方向进 2 cm 处定点，省量为 2 cm，用弧线画顺。

⑫后下摆育克脚贴：由下平线向上量 5.5 cm（定寸），在侧缝直线进 2 cm 处向下做长为 5 cm 的平行于后中线的直线。

（2）后片轮廓线

①用弧线画顺后领窝轮廓线、袖窿轮廓线。

②用直线做肩端点至后领宽点轮廓线、后胸围大至下摆侧缝轮廓线。

③用弧线连接后片分割线和轮廓线。

④绘制后片对折线、下摆轮廓线。

（3）前片基础线

①前中线：由后中线量进，取 55 cm（B/2），做一条平行于后中线的直线。

②前上平线：由后领口深线延长至前中线。

③前落肩线：由前上平线向下量，取 5.5 cm（B/20），做平行于前上平线的直线。

④前袖窿深线：延长后袖窿深线至前中线。

⑤前领口深线：由前上平线向下量，取 9.3 cm（N/5+0.5），做平行于前上平线的直线。

⑥前落肩线：由前上平线向下量，取 5.5 cm（B/20），做平行于前上平线的直线。

⑦撇胸线：由前中线与前上平线的交点沿前上平线量 1 cm，定点，用直线连接该定点与前中线和前袖窿深线的交点。

⑧前领口宽线：由撇胸线与前上平线交点沿前上平线量出 8.5 cm（N/5-0.3），做平行于前中线的直线。

⑨前肩宽线：由撇胸线与前上平线交点，沿前上平线量出 23 cm（S/2），做平行于前中线的直线。

⑩前胸宽线：在撇胸线下 1/3 处定点，沿水平方向往外量，取 20.8 cm（B/6+1.5），做平行于前中线的直线。

⑪侧缝直线（前胸围大线）：由前中线量进，取 27.5 cm（B/4），做平行于前中线的直线。

⑫前片分割线：由前胸宽线往侧缝方向量 1.5 cm，定点，用直线连接该定点与前下摆 1/3 处，省量为 1.5 cm，用弧线画顺。

⑬前插袋位：由前中线向外量 15 cm，腰节线向上量 16 cm、向外量 5 cm，如图 2-12 所示，做一条斜线，袋口长 16 cm（B/10+5）、宽 2.5 cm。

⑭前下摆育克脚贴：由下平线向上量 5.5 cm（定寸），在侧缝直线进 2 cm 处向下做长为 5 cm 的前中线的平行线。

（4）前片轮廓线

①用弧线画顺前领窝轮廓线、袖窿轮廓线。

②用直线做肩端点至前领宽点轮廓线、前胸围大至下摆侧缝轮廓线、前插袋轮廓线。

③用弧线连接前片分割线和轮廓线。

④绘制前片门襟、下摆轮廓线。

（5）袖片基础线

①袖中线：做一条平行于布边的直线。

②袖上平线：做一条垂直于袖中线的直线。

③袖下平线：距离袖上平线 59 cm（袖长），做垂直于袖中线的直线。

④袖肥线：在袖中线和袖上平线的交点，往两边各量取 23 cm（B/5+1），做平行于袖中线的直线。

⑤袖山高线：由袖中线和袖上平线的交点斜量至两边袖肥线，取 14 cm（AH/2）做平行于袖上平线的直线。

⑥袖口宽：平行袖下平线，沿袖中线往上量 5.5 cm，定寸。

⑦袖口长：平行袖中线，从袖中线和袖下平线的交点，各往两边量取 13 cm（袖英 /2），做平行于袖中线的直线。

⑧袖分割线：在袖肥线的 1/2 处往袖中线方向量 1 cm（定点），在袖口宽的 1/2 处定点，省量为 4 cm，用弧线画顺。

（6）袖片轮廓线

①用弧线连接袖山轮廓线。

②用弧线连接大小袖分割轮廓线、袖底缝轮廓线。

③绘制袖口轮廓线。

（7）领子基础线

①后中线：做一条平行于布边的直线。

②下平线：做一条垂直于后中线的直线。

③上平线（领宽）：沿后中线往上量，取 8 cm，做平行于下平线的直线。

④领长：沿下平线往外量，取 22 cm（N/2），做平行于后中线的直线。

（8）领片轮廓线

①用弧线连接领脚口轮廓线。

②用弧线连接领外口轮廓线。

③绘制领子轮廓线。

训练二

（2）参照表 2-1、图 2-12、图 2-13，独立完成男式夹克衫的制版与检验，然后回答下列问题。

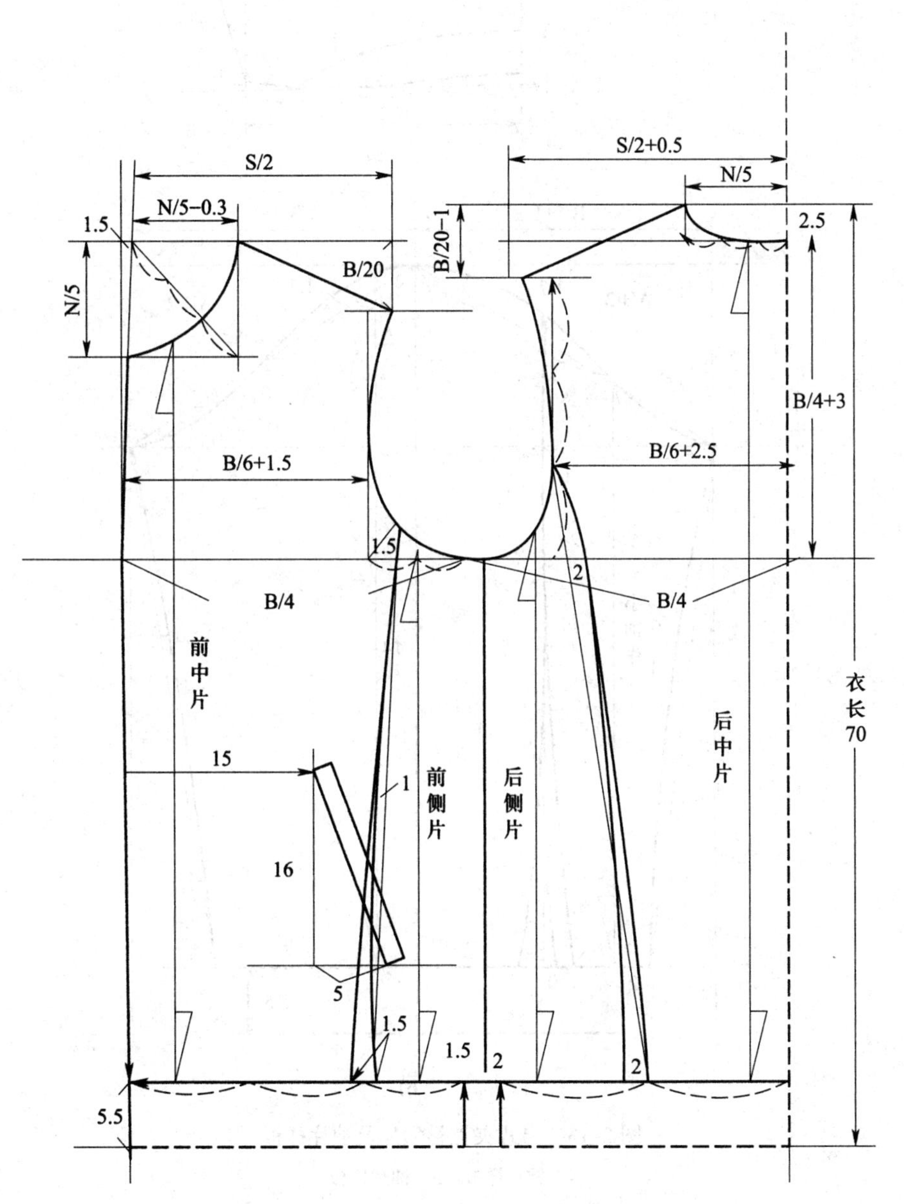

图 2-12　男式夹克衫前片、后片样板

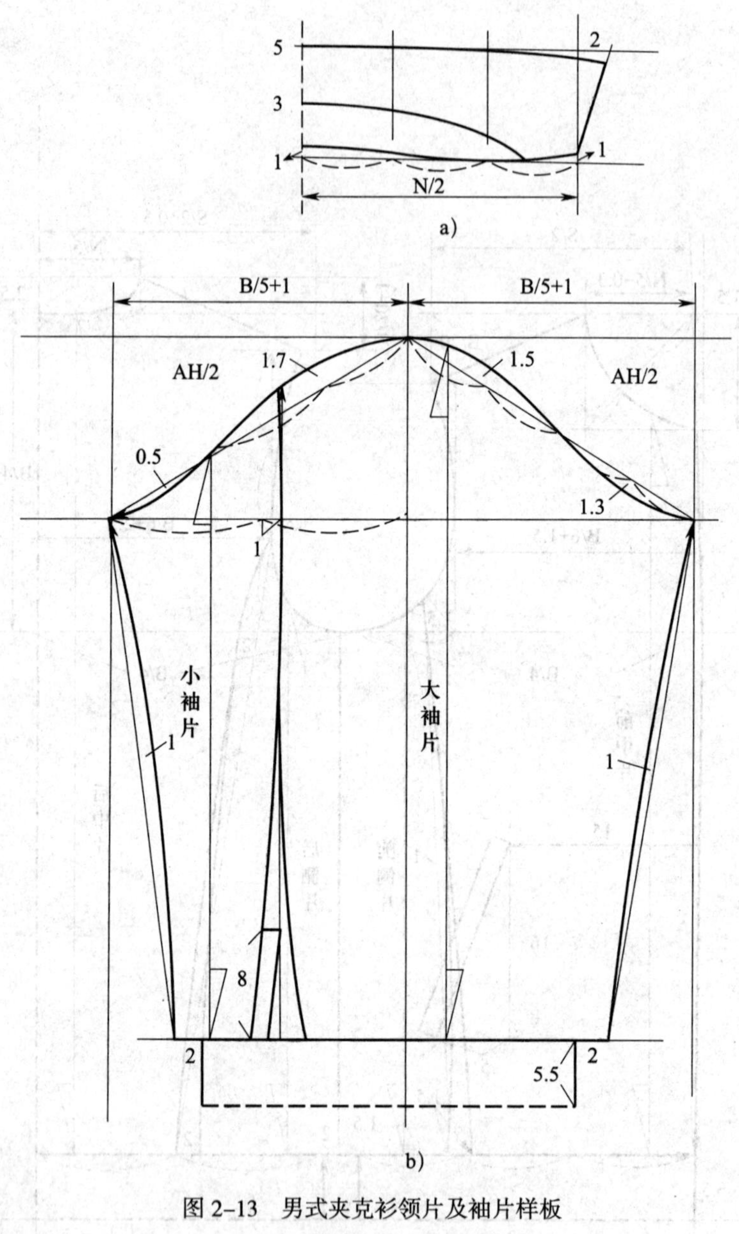

图 2-13　男式夹克衫领片及袖片样板

a）领片样板　b）袖片样板

①在图 2-12 中，前片、后片的纵向分割线是如何设定的？

②在图 2-12 中，袖窿深是如何计算的？袖窿深处理量是多少？

③在图 2-12 中，前片、后片的胸围量是如何分配的？

④在图 2-12 中，前片上装的是什么类型的口袋？口袋的位置是如何设定的？

⑤在图 2-13 中，袖山高与袖肥是如何设定的？袖窿与袖山的缝合对位点是如何设定的？

⑥在图 2-13 中，袖子的纵向分割线是如何设定的？袖衩的位置是如何设定的？

⑦在图 2-13 中，领片样板是如何绘制的？

⑧在图 2-13 中，袖山吃势的控制是如何处理的？袖底弧线与衣身袖窿底弧线吻合是如何实现的？

⑨在图 2-13 中，袖英与袖口的关系是如何处理的？

⑩在图 2-12 中，下摆育克脚贴与衣身的关系是如何处理的？

小贴士

男式夹克衫样板放缝要求如下：

1. 男式夹克衫的样板面积较大，服装企业在批量生产男式夹克衫时，经常会将前后片及袖片进行分割设计，这样有利于排料，同时分割也起到装饰的作用。

2. 衣片的分割线及袖片的分割线一般会采用压缉缝的制作工艺，上层放缝 0.6 ~ 0.8 cm，下层放缝 1.2 ~ 1.5 cm。

3. 门襟放缝 2 cm（适用于暗拉链，即拉链不裸露），其余部位放缝 1 cm。

训练

（3）参照图 2-14、图 2-15，独立完成男式夹克衫面料样板、里料样板缝份加放的绘制与检验，然后回答下列问题。

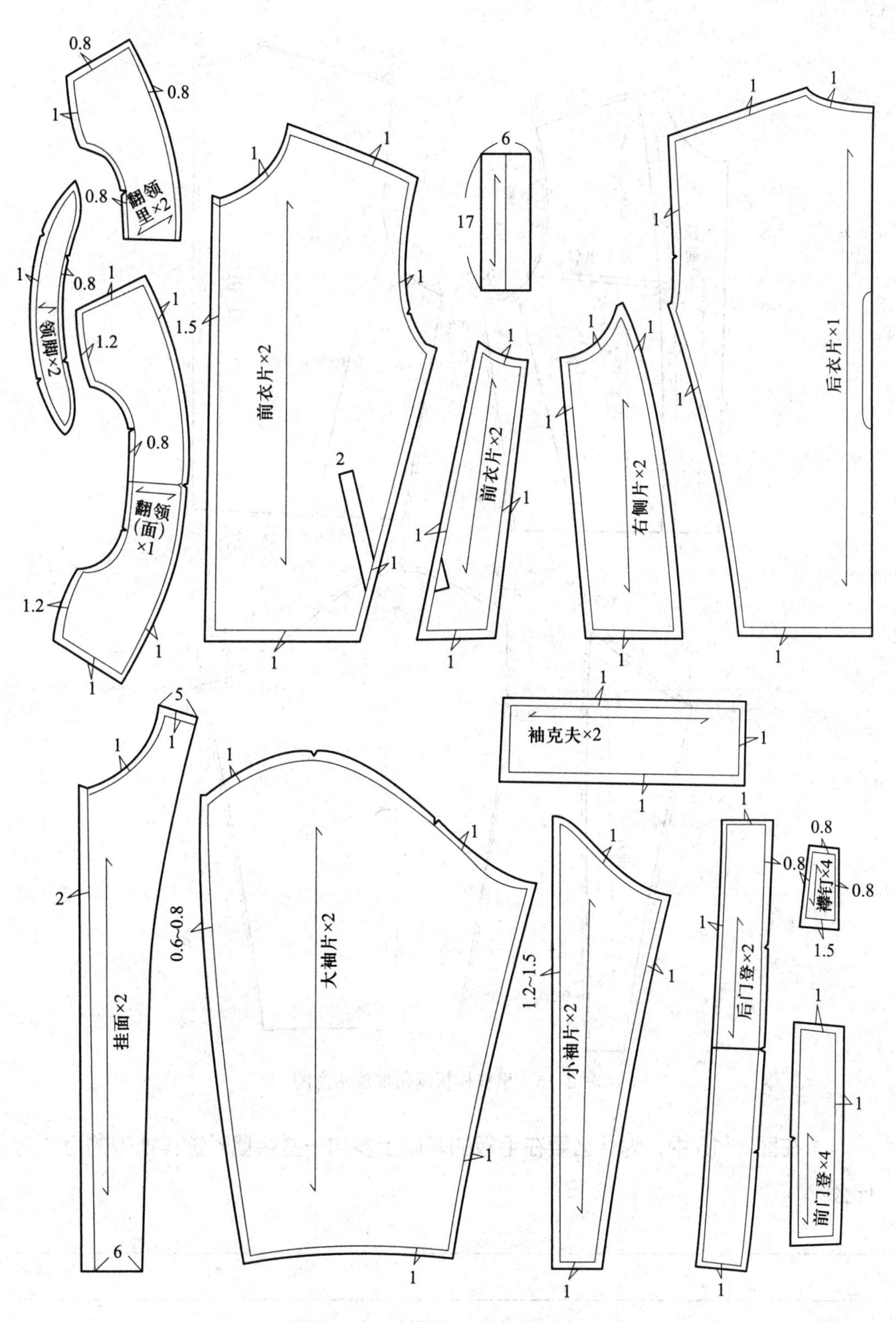

图 2–14　面料样板缝份加放示意图

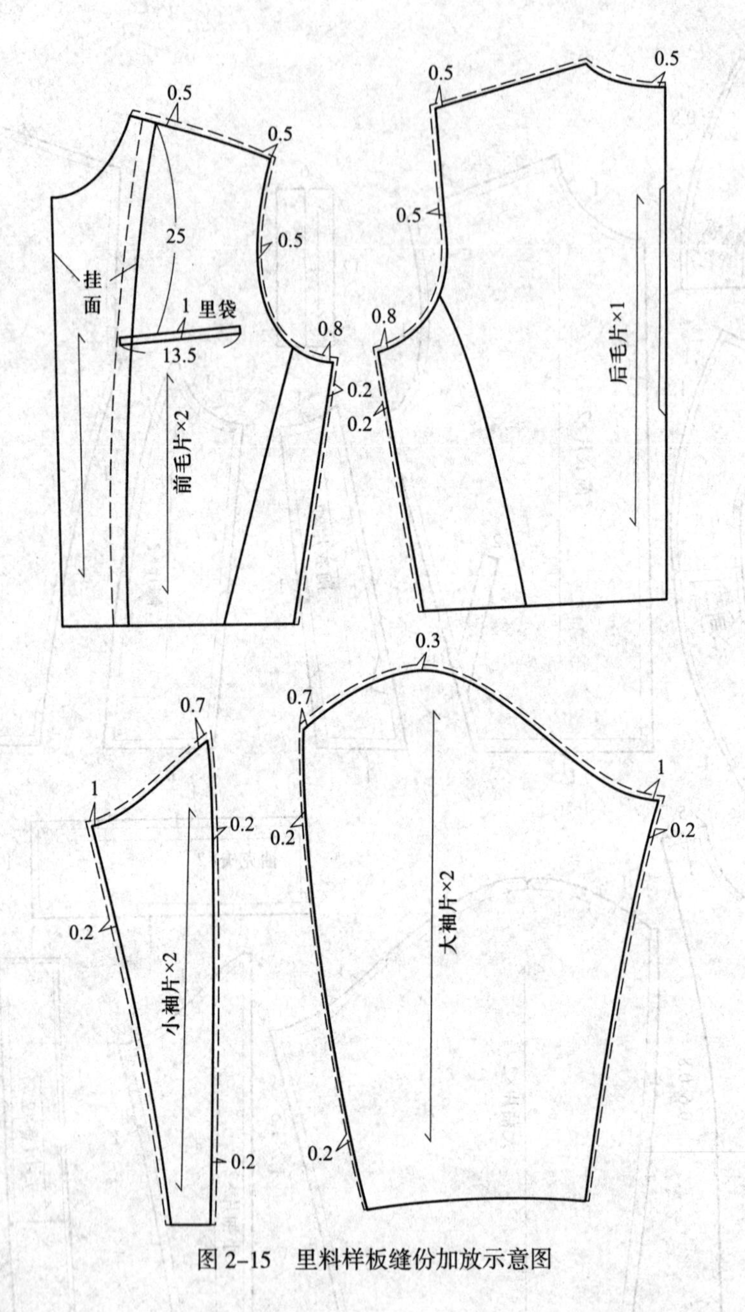

图 2-15　里料样板缝份加放示意图

①在图 2-15 中，为什么要在毛板的基础上多加一些余量？这样处理的目的是什么？

____

____

____

②在图 2-14、图 2-15 中，面料样板和里料样板的下摆和袖口放缝都是 1 cm，为什么要这样处理？

③按世界技能大赛时装技术项目技术标准，男式夹克衫样板缝口处理时要注意哪些问题？具体的要求是什么？

④按世界技能大赛时装技术项目技术标准，男式夹克衫样板上应该标注哪些内容？标注的方式和要求是什么？

⑤参照世界技能大赛时装技术项目技术标准，说一说男式夹克衫样板的裁片流畅性、对接匹配度、裁配关系是怎样检验的？检验标准是什么？

⑥在男式夹克衫样板中，粘合衬的样板有多少块？具体是哪些？

⑦放缝时弧线部分的端角要保持与净缝线垂直，这是为什么？

⑧男式夹克衫需要制作的样板有哪些？样板的名称分别是什么？

____

____

____

检验修正

（4）在教师的指导下，对照表 2-1，独立完成男式夹克衫基础样板的尺寸测量，并将测量结果填写在表 2-7 中。

表 2-7　　样板尺寸记录表　　单位：cm

号型	类型	领围	衣长	胸围	肩宽	袖长	袖口
170/92A（M）	设定尺寸	44	70	110	46	59	26
	实测尺寸						

分类整理

（5）在全面复核的基础上，对男式夹克衫的基础样板进行分类整理，填写表 2-8 和封样意见，然后对照封样意见，将基础样板调整到位。

表 2-8　　男式夹克衫基础样板汇总清单

基础样板	裁剪样板数量	工艺样板数量
面料样板		
里料样板		
衬料样板		
修正板		
定位板		
定型板		

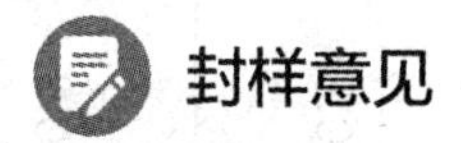

封样意见

小贴士

推板放码原则如下：

1. 选择基准板，正确设定档差。

2. 推板只是服装量的改变，不能改变服装的型。

3. 推板的基准点和基准线在理论上可任意选择，以方便推板为原则进行选择。

4. 放码点的放码量与制图公式的自变量有密切的联系，与公式中的常数项无关。

5. 推板要力求严谨、规范，实际操作时要灵活、细致、合理、准确，切不可钻牛角尖。

6. 外贸样单的放码既可以是规则放码，也可以是不规则放码。

训练

（6）在教师的指导下，参照表 2-1、表 2-9、表 2-10、表 2-11 和图 2-16，以 M 码为基准码，独立完成男式夹克衫系列样板的推放与检验，然后回答下列问题。

表 2-9　男式夹克衫（后片）各部位档差计算及放缩值　单位：cm

部位	档差及计算方法				放缩部位及放缩值			
	纵档差	计算方法	横档差	计算方法	部位	放缩值	部位	放缩值
袖窿深	4÷5-0.1=0.7	胸围档差 /5-0.1	1÷5=0.2	领围档差 /5			肩颈	0.7 ↑ ←0.2
后领口	0.7-0.2=0.5	袖窿深纵档差 - 领围档差 /5	0	背缝横向不推移			后领口	0.5 ↑
肩宽	4÷5-4÷20=0.6	胸围档差 / 5- 胸围档差 /20	1.2÷2=0.6	肩宽档差 /2	肩端点	0.6 ↑ ←0.6		
袖窿中点	0.6÷2=0.3	肩宽纵档差 /2	4÷6 ≈ 0.67	胸围档差 /6	后袖窿	0.3 ↑ ←0.67		
后中片	1.5-0.7=0.8	衣长档差 - 袖窿 深纵档差	4÷4×2/3 ≈ 0.67	（胸围档差 /4）×2/3	侧缝	←0.67 ↓ 0.8	后中缝	↓ 0.8
后侧片	1.5-0.7=0.8	衣长档差 - 袖窿 深纵档差	4÷4×2/3 ≈ 0.67	（胸围档差 /4）×2/3	侧缝	←0.33 ↓ 0.8	后中缝	↓ 0.8

表 2-10　男式夹克衫（前片）各部位档差计算及放缩值　单位：cm

部位	档差及计算方法				放缩部位及放缩值			
	纵档差	计算方法	横档差	计算方法	部位	放缩值	部位	放缩值
袖窿深	4÷5-0.1=0.7	胸围档差 /5-0.1	1÷5=0.2	领围档差 /5			肩颈	0.7 ↑ ← 0.2
前领口	0.7-0.1=0.6	袖窿深纵档差 -0.1	0	背缝横向不推移			前领口	0.6 ↑
肩宽	4÷5-4÷20=0.6	胸围档差 / 5- 胸围档差 /20	1.2÷2=0.6	肩宽档差 /2	肩端点	0.6 ↑ ← 0.6	前中缝	
袖窿中点	0.6÷2=0.3	肩宽横档差 /2	4÷6 ≈ 0.67	胸围档差 /6	前袖窿	0.3 ↑ ← 0.67	前中缝	
前中片	1.5-0.7 =0.8	衣长档差 - 袖窿深纵档差	4÷4×2/3 ≈ 0.67	（胸围档差 /4）×2/3	侧缝	← 0.67 ↓ 0.8	前中缝	↓ 0.8
前侧片	1.5-0.7 =0.8	衣长档差 - 袖窿深纵档差	4÷4×1/3 ≈ 0.33	（胸围档差 /4）×1/3	侧缝	← 0.33 ↓ 0.8	前中缝	↓ 0.8

表 2-11　　男式夹克衫（袖片、领片）　　单位：cm

部位	档差及计算方法				放缩部位及放缩值			
	纵档差	计算方法	横档差	计算方法	部位	放缩值	部位	放缩值
袖山高	4÷10=0.4	胸围档差 /10	0	横向不推移	袖山	0.4↑		
袖肥（大袖）	0	纵向不推移	1.5÷2-0.05=0.7	袖长档差 /2-0.05	后分割缝	←0.35	前袖缝	0.7→
袖肥（小袖）	0	纵向不推移	0.7÷2=0.35	袖肥（大袖）横档差/2	后袖底缝	←0.35		
袖口（大袖）	1.5-0.4=1.1	袖长档差 - 袖山高纵档差	1÷2-0.1=0.4	袖口档差 /2-0.1	后分割缝	←0.2 1.1↓	前袖缝	0.4→ 1.1↓
袖口（小袖）	1.5-0.4=1.1	袖长档差 - 袖山高纵档差	1-0.4-0.2=0.4	袖口档差 -0.4-0.2	后袖口	←0.4 1.1↓	后分割缝	1.1↓
袖衩	（1.5-0.4）÷2=0.55	（袖长档差 - 袖山高纵档差）/2	0	横向不推移	袖衩处	0.55↓ 1.1↓		
袖头	定寸	纵向不推移	1	袖口档差	袖英	←1		
领中	0.15	弧线调节数	1÷2=0.5	领围档差 /2	上领	0.15↑ 0.5→	领座	0.15↓ 0.5→

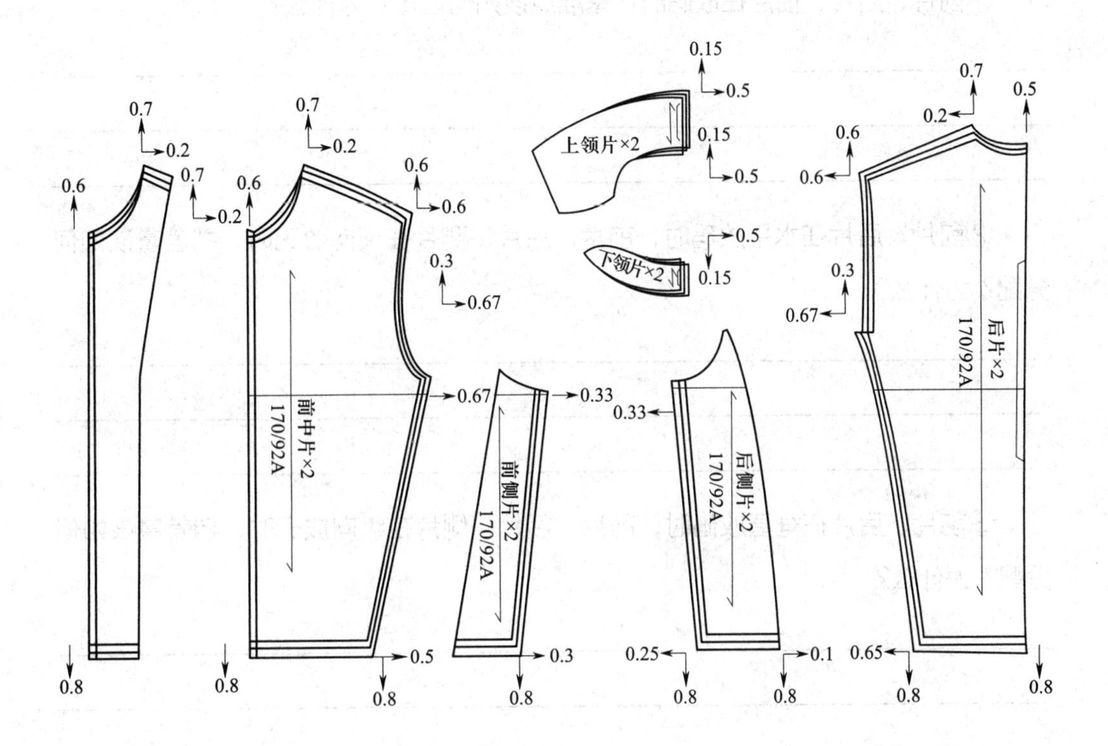

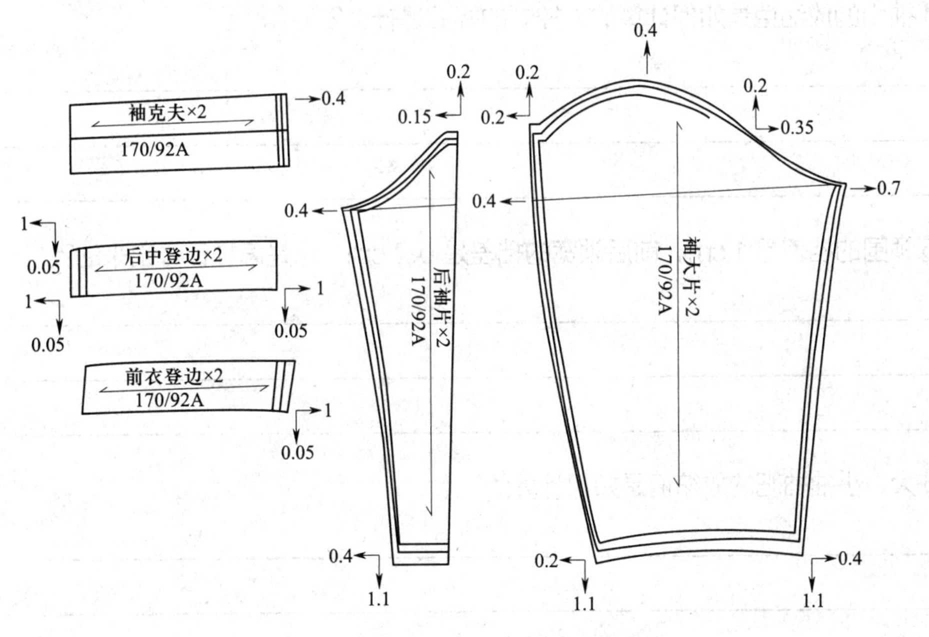

图 2-16　男式夹克衫样板放码图

①前片、后片、袖片在放码时，基准点该如何设置？为什么？

②前片、后片在水平放码时，前片、后片、侧片在横向放码时，档差量该如何分配？为什么？

③前片、后片在垂直放码时，前片、后片、侧片在纵向放码时，档差量该如何分配？为什么？

④袖山的放缩值是如何计算的？控制的标准是什么？

⑤领围的档差是 1 cm，前后领宽的档差是 0.2 cm，这是怎样计算出来的？

⑥大、小袖袖肥的放缩值是如何计算的？

⑦前后袖窿的放缩是如何处理的？这样处理的依据是什么？

____

____

____

⑧前片袋口在放缩时，袋口位置是如何处理的？这样处理的依据是什么？

____

____

____

⑨领子、袖头、下脚口的放缩是如何处理的？这样处理的依据是什么？

____

____

____

检验修正

（7）对照表 2-1 给出的制版工艺要求和图 2-16，独立完成男式夹克衫系列样板复核，如果有遗漏或错误，及时修正，然后回答下列问题。

①结合世界技能大赛时装技术项目技术标准，说一说男式夹克衫系列样板推放的质量要求。

____

____

____

②结合世界技能大赛时装技术项目技术标准，说一说男式夹克衫系列样板复核的内容。

____

____

____

③男式夹克衫放码时，袖窿深与袖山高对位点的匹配是工作难点，请在教师的指导下，写出男式夹克衫系列样板对位点复核的方法。

____

____

____

④男式夹克衫放码时，袖窿弧线长与袖山弧线长的匹配是样板推放的重点，请在教师的指导下，写出检验男式夹克衫系列样板袖窿弧线长与袖山弧线长是否匹配的方法。

____

____

____

引导问题

（8）在教师的指导下，对照表 2-1，独立完成女式大衣系列样板的复核，并将复核结果填写在表 2-12 中。

表 2-12　　男式夹克衫系列样板复核记录单

产品型号			产品全称		
本批产品总数			销往地区		
样板编号			样板总数		
面料样板		里料样板数量		衬料样板数量	
工艺样板		定位样板数量		净样板数量	

各部位规格复核

部位	情况说明
衣长	
领围	
胸围	
肩宽	
袖长	
袖口	

续表

样板规格误差分析：
样板组合部位是否吻合、圆顺、整齐：
样板制作人：　　　　复核人：　　　　日期：

分类整理

（9）在全面复核的基础上，对男式夹克衫的系列样板进行分类整理，填写表 2-13、表 2-14，并写出封样意见，然后对照封样意见将系列样板调整到位。

表 2-13　　男式夹克衫系列样板号型规格核对表　　单位：cm

号型	衣长	领围	胸围	肩宽	袖长	袖口
165/88A（S）						
170/92A（M）						
175/96A（L）						

表 2-14　　男式夹克衫系列样板汇总清单

样板类型	165/88A（S）		170/92A（M）		175/96A（L）	
	裁剪样板	工艺样板	裁剪样板	工艺样板	裁剪样板	工艺样板
面料样板						
里料样板						
衬料样板						
修正板						
定位板						
定型板						

封样意见

4. 学习检验

检验修正

请在教师的指导下，参照世界技能大赛评分标准完成男式夹克衫系列样板推放质量检验并填写表 2-15，然后将男式夹克衫系列样板调整到位。

表 2-15　　　　男式夹克衫系列样板评分表

序号	分值	评分项目	评分内容	评分标准	得分
1	15	完成男式夹克衫系列样板制作	按照生产工艺单要求，完成男式夹克衫系列样板制作	完成得分，未完成不得分	
2	15	整洁度	样板整洁，裁剪得当，无污垢，可读性强，没有双重线	有一处错误扣 5 分，扣完为止	
3	20	规格	所有生产用样板得以呈现，如果有需要可参考款式图；利用样板可以制作款式图中的服装；样板大小比例与款式、号型、规格相符	有一处错误扣 5 分，扣完为止	
4	10	样板丝绺	所有样板上都有用水笔标识的丝绺方向；样板丝绺为全长，丝绺或折痕处带箭头	有一处错误扣 5 分，扣完为止	
5	10	缝份	所有大小相等的缝份都要保持相同的宽度，所有需要对应的缝份也要完全对应上；缝份线条流畅、对接匹配	有一处错误扣 5 分，扣完为止	
6	20	样板功能	剪口、打孔平衡：服装设计中的特色部分、按纽或纽孔处要打剪口；在所有样板上为缝份打出合适的剪口或用铅笔（或水笔）进行合理标注，边角处不得两边都打剪口	有一处错误扣 5 分，扣完为止	
7	10	工作区整洁	工作结束后，工作区要整理干净，关闭机器、设备电源	有一处不整理扣 5 分，扣完为止	
合计得分					

引导、评价、更正与完善

在教师讲评引导的基础上，对本阶段的学习活动成果进行自我评价和小组评价（100 分制），之后独立用红笔对本阶段有关问题的回答进行更正和完善。

项目	类别	分数	项目	类别	分数
个人自评分	关键能力		小组评分	关键能力	
	专业能力			专业能力	

（四）成果展示与评价反馈

1. 知识学习

学习展示的基本方法、评价的标准和方法。

（1）展示的基本方法：平面展示法、人台展示法和其他展示法。

（2）评价的标准：对照表 2–1，参照世界技能大赛评分标准对男式夹克衫系列样板进行评价。

（3）评价的方法：目测、工具测量、比对、校验等。

2. 技能训练

实践

将男式夹克衫系列样板放在干净的工作台上平面展示。

3. 学习检验

引导问题

（1）在教师的指导下，在小组内进行作品展示，然后经由小组讨论，推选出一组最佳作品进行全班展示与评价，并由组长简要介绍推选的理由，小组其他成员做补充并记录。

小组最佳作品制作人：________________________________

推选理由：________________________________

____

____

其他小组评价意见：________________________________

____

教师评价意见：________________________________

____

 引导问题

（2）将本次学习活动中出现的问题及其产生的原因和解决的办法填写在表 2–16 中。

表 2–16 问题分析表

出现的问题	产生的原因	解决的办法

自我评价

（3）将本次学习活动中自己最满意的地方和最不满意的地方各写两点，并简要说明原因，然后完成表 2–17 的填写。

最满意的地方：________________

最不满意的地方：________________

表 2–17 学习活动考核评价表

学习活动名称：男式夹克衫制版

班级： 学号： 姓名： 指导教师：

评价项目	评价标准	评价依据	评价方式			权重	得分小计	总分
			自我评价	小组评价	教师评价			
			10%	20%	70%			
关键能力	1. 能穿戴劳保用品，执行安全生产操作规程 2. 能参与小组讨论，进行相互交流与评价 3. 能积极主动、勤学好问 4. 能清晰、准确地表达 5. 能清扫场地和工作台，归置物品，填写活动记录	1. 课堂表现 2. 工作页填写				40%		

续表

评价项目	评价标准	评价依据	评价方式			权重	得分小计	总分
			自我评价	小组评价	教师评价			
			10%	20%	70%			
专业能力	1. 能设定男式夹克衫基础样板规格 2. 能制订男式夹克衫基础样板制作计划，准备相关工具与材料，完成男式夹克衫样板制作 3. 能正确拷贝样板轮廓线，依据款式特点和制作工艺要求准确放缝，制作基础样板 4. 能按照样板制作技术规范，完成样板编号、标注、打孔、分类等工作 5. 能记录男式夹克衫基础样板制作过程中的疑难点，并在教师的指导下，通过小组讨论或独立思考、实践解决 6. 能按照企业标准（或参照世界技能大赛评分标准），准确核对男式夹克衫基础样板的尺寸及判断各部位的裁配关系是否吻合，并依据核对结果，将男式夹克衫基础样板修改、调整到位 7. 能在教师的指导下，对照技术文件，结合男式夹克衫工业推板的技术规范，完成男式夹克衫系列样板的推放、检查、整理与复核 8. 能按要求进行资料归类，正确填写或编制男式夹克衫工业样板制作的相关技术文件，并对男式夹克衫工业样板进行种类和数量检查、整理和分类，做好定位标记	1. 课堂表现 2. 工作页填写 3. 提交的男式夹克衫基础样板 4. 提交的男式夹克衫系列样板				60%		

续表

<table>
<tr><th rowspan="3">评价项目</th><th rowspan="3">评价标准</th><th rowspan="3">评价依据</th><th colspan="3">评价方式</th><th rowspan="3">权重</th><th rowspan="3">得分小计</th><th rowspan="3">总分</th></tr>
<tr><th>自我评价</th><th>小组评价</th><th>教师评价</th></tr>
<tr><th>10%</th><th>20%</th><th>70%</th></tr>
<tr><td>专业能力</td><td>9. 能在男式夹克衫工业样板制作过程中，按照企业标准（或参照世界技能大赛评分标准）及质量检测标准，动态检验样板制作结果，并在教师的指导下解决相关问题。
10. 能展示、评价男式夹克衫工业样板制作阶段成果，并根据评价结果做出相应反馈</td><td></td><td></td><td></td><td></td><td></td><td></td><td></td></tr>
<tr><td>指导教师综合评价</td><td colspan="8">指导教师签名：　　　　　　　　　　　　　　　　　　日期：</td></tr>
</table>

三、学习拓展

本阶段学习拓展建议课时为 8 ~ 10 课时，要求学生在课后独立完成。教师可根据本校的教学需要和学生的实际情况，选择部分内容或全部内容进行实践，也可另行选择相关拓展内容，也可不实施学习拓展，将这部分课时用于学习过程阶段实践内容的强化。

拓展 1

请在教师的指导下，通过小组讨论交流，完成图 2-17 所示男式插肩袖夹克衫的样板制作。该夹克衫前门襟安装明拉链；衣领关上时为立领，敞开时为驳领；袖子为插肩袖，缉明止口 0.8 cm，袖口为松紧口；两侧有斜插袋，下摆为拉橡皮筋收紧式。该夹克衫各部位尺寸见表 2-18。

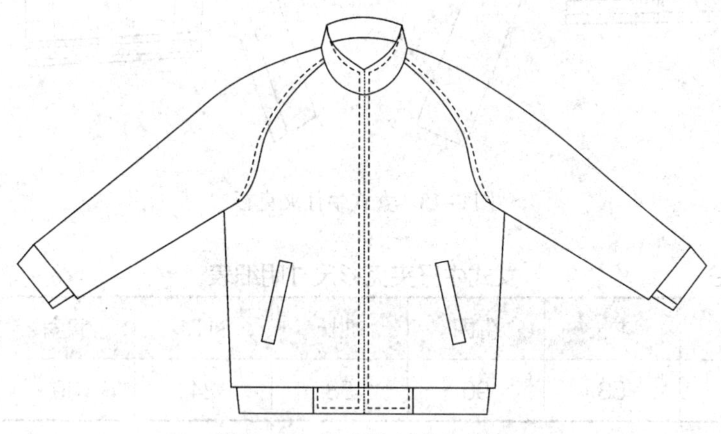

图 2-17　男式插肩袖夹克衫

表 2-18　男式插肩袖夹克衫尺寸明细表　单位：cm

号型	衣长	肩宽	领口	胸围	袖长	袖口
170/88A	70	46	44	118	60	15

拓展 2

请在教师的指导下，通过小组讨论交流，完成图 2-18 所示女式牛仔夹克衫的样板制作。该女式牛仔夹克衫装关门小翻领，领头分为上领、下领（上盘、下盘）；装平装袖，袖片有一个纵向分割缝，袖口设袖衩、装拉链；前片有纵向和斜向分割缝，左右对称开两只拉链上袋，门襟装拉链；后片有纵向和横向分割缝；下摆为拉橡皮筋收紧式；肩缝、拼接分割缝、袖子前后缝缉双明线。它的尺寸明细见表 2-19。

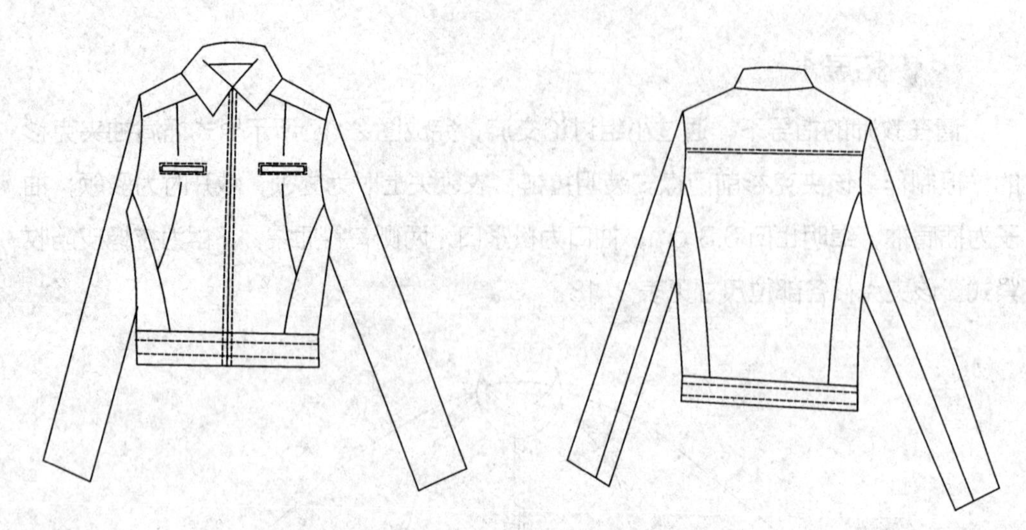

图 2-18 女式牛仔夹克衫

表 2-19 女式牛仔夹克衫尺寸明细表 单位：cm

号型	衣长	胸围	袖长	袖口	肩宽	领围
160/84A	58	96	58	24	39	40

学习任务三

西服制版

学习目标

1. 能严格遵守工作制度，在工作中养成严谨、认真细致的职业素养，服从工作安排。

2. 能按照安全生产防护规定，穿戴劳保用品，执行安全生产操作规程。

3. 能查阅相关技术资料，按要求准备好西服工业样板制作所需的工具、设备、材料及各项技术文件。

4. 能识读西服生产工艺单，明确西服工业制版要求，准确核对西服工业样板制作所需的各项数据。

5. 能在教师的指导下，按西服工业样板制作要求，制订西服工业样板制作计划，并通过小组讨论做出决策。

6. 能按男西服工业样板制作的计划，依据技术文件要求，结合西服工业制版规范，独立完成西服基础样板的制作、检查与复核。

7. 能对照技术文件，对基础样板进行复核，并依据复核结果，将西服基础样板修改、调整到位。

8. 能在教师的指导下，对照技术文件，结合西服工业推板的技术规范，完成西服系列样板的推放、检查、整理及复核。

9. 能记录西服工业样板制作过程中的疑难点，通过小组讨论，提出妥善解决问题的办法。

10. 能展示西服工业样板制作各阶段成果，并进行评价。

11. 能根据评价结果，做出相应反馈。

12. 在操作过程中能严格遵守教学场地“8S”管理规定。

建议课时

40 课时。

学习任务描述

学生接到学习任务并明确学习目标后，应按以下流程实施学习任务：①查阅西服工业样板制作的相关资料，准备好用于实施任务的工具、设备、技术文件及相关学习材料，在教师的指导下，依据西服生产工艺单及西服工业样板制作的相关要求，制订西服基础样板制作计划，通过小组讨论做出决策后，独立完成西服基础样板的制作、检查与复核，并依据检查与复核结果，将基础样板修改、调整到位。②在教师的指导下，结合西服工业推板的技术规范，完成西服系列样板的推放，并对西服工业样板进行种类和数量检查、整理和分类及做好定位标记。③按照生产工艺单的要求进行质量检验，判断西服工业样板的裁配关系是否吻合，种类是否齐全，数量是否准确，并将制作完成的西服工业样板进行展示和评价。④清扫场地和工作台，归置物品。

学习活动

男式西服制版。

学习活动 男式西服制版

一、学习准备

1. 服装打板台、男式服装人台、打板纸、绘图铅笔、放码尺等。

2. 安全生产操作规程、男式西服生产工艺单（见表 3–1）、男式西服工业样板制作相关学习材料。

表 3–1　男式西服生产工艺单

<table>
<tr><td>款式名称</td><td colspan="7">男式西服</td></tr>
<tr><td>款式图与款式说明</td><td colspan="6">款式图</td><td>款式说明：
装平驳领，下身设有两个双嵌线带盖口袋，下摆为圆下摆，左胸设有手巾袋，前门襟有单排 3 粒扣，有后中缝，为三开身六片结构，装合体两片袖，袖口钉 3 粒扣</td></tr>
<tr><td rowspan="8">成品规格（cm）</td><td rowspan="2">部位</td><td colspan="3">号型</td><td rowspan="2">档差</td><td rowspan="2">公差</td><td rowspan="2">封样意见</td></tr>
<tr><td>165/88A（S）</td><td>170/92A（M）</td><td>175/96A（L）</td></tr>
<tr><td>衣长</td><td>72</td><td>74</td><td>76</td><td>2</td><td>±1</td><td rowspan="6"></td></tr>
<tr><td>背长</td><td>41.3</td><td>42.5</td><td>43.7</td><td>1.2</td><td>±0.6</td></tr>
<tr><td>胸围</td><td>104</td><td>108</td><td>112</td><td>4</td><td>±2</td></tr>
<tr><td>肩宽</td><td>44.8</td><td>46</td><td>47.2</td><td>1.2</td><td>±0.3</td></tr>
<tr><td>袖长</td><td>57.5</td><td>59</td><td>60.5</td><td>1.5</td><td>±0.8</td></tr>
<tr><td>袖口</td><td>29</td><td>30</td><td>31</td><td>1</td><td>±0.5</td></tr>
</table>

续表

制版工艺要求	1. 制版充分考虑款式特征、面料特性和工艺要求 2. 样板结构合理，尺寸符合规格要求，对合部位长短一致 3. 样板干净整洁，标注清晰规范 4. 辅助线、轮廓线界定清晰，线条平滑、圆顺、流畅 5. 样板种类齐全、数量准确、标注规范 6. 省、剪口、钻孔等位置正确，标记齐全，放缝量、折边量符合要求 7. 样板轮廓光滑、顺畅，无毛刺 8. 样板校验无误，修正到位
排料工艺要求	1. 合理、灵活应用“先大后小、紧密套排、缺口合并、大小搭配”的排料原则 2. 确保部件齐全，排列紧凑，套排合理，丝绺正确，拼接适当，空隙少，两端齐口；既要符合质量要求，又要节约原料 3. 合理解决倒顺毛、倒顺光、倒顺花，对条、对格、对花和色差布料的排料问题
算料要求	1. 充分考虑款式的特点、服装的规格、色号配比、布料幅宽和特性、具体的工艺要求和裁剪损耗等 2. 宁略多，勿偏少
制作工艺要求	1. 缝制采用 14 号机针，线迹密度为 14 ~ 18 针 /3 cm，线迹松紧适度，且中间无跳线、断线 2. 尺寸规格要求：衣长误差小于 1 cm，胸围误差小于 1.5 cm，袖长误差小于 0.7 cm，肩宽误差小于 0.6 cm，袖口误差小于 0.3 cm 3. 各部位规格正确，面、里、衬松紧适宜 4. 领头、驳头、串口平服顺直，丝绺正确，左右两格宽窄、高低一致，条格对称 5. 前身胸部饱满；吸腰平服，丝绺顺直；衣袋高低一致，左右对称，袋口嵌线宽窄一致，袋角方正，袋盖窝服；门襟、里襟长短一致，止口顺直、薄、挺、平服、不外吐；胸省顺直，高低一致，省尖无“酒窝”；下摆衣角圆顺，左右对称一致，底边顺直 6. 后背平服、方登，背缝顺直，腰腋匀服，条格对称，袖窿要有戤势 7. 肩部前后平挺，肩缝顺直，丝绺正确，肩头略带翘势 8. 装袖圆顺，前圆后登；袖子吃势均匀，两袖圆顺居中，前后适宜，无涟形，无吊紧；袖口平整，大小一致 9. 锁眼、钉扣符合要求 10. 各部位熨烫平服，挺缝线顺直，无极光、烫黄、变色，无水渍、污渍，无破损 11. 里子光洁、平整，坐势正确 12. 整烫要求平、薄、挺、圆、顺、窝、活

续表

制作流程	排料→裁剪→检查裁片→验片→打线丁→收省→缝合侧片→分烫省缝、拼缝→推、归、拔前衣片→制作胸衬→粘衬→扎驳头→缝制手巾袋→缝制双嵌线口袋袋盖→缝制双嵌线口袋、装袋盖→修止口→敷牵带→烫前身→开里袋→敷挂面→翻止口→做后衣片→缝合摆缝→兜翻底边→合肩缝→做领里、装领→做、绱袖子→绱垫肩、缝弹袖棉→锁纽眼→整烫→钉纽扣→检验→填写封样意见
备注	

3. 划分学习小组（每组 5 ~ 6 人，用英文大写字母编号），并填写表 3-2。

表 3-2　　小组编号表

组号	组内成员及编号	组长姓名及编号	本人姓名及编号

4. 请检查一下自己的劳保用品有没有穿戴好，然后独立回答下列问题。

引导问题

（1）请列出包含服装工种在内的 3 类工种的劳保服在色彩和面料选择上的要求。

______

______

______

引导问题

（2）劳保服的袖口和下摆通常设计成收口的形式，这是为什么呢？

______

______

______

世赛链接

袖围、袖山和袖窿关系的处理在世界技能大赛时装技术项目中是重要的考查点，它们之间的关系不仅能决定穿着的舒适度，还能决定服装整体的美观度。

袖围等于上臂最大围度加上必要的放松量。袖围与上臂最大围度的差值最小为 1.2 cm，因此，整个袖围要放出 5 cm 左右的量，袖围增大，袖山就会变低，袖窿深就会变大，袖窿宽就会变小。

二、学习过程

（一）明确工作任务，获取相关信息

1. 知识学习

小贴士

西服旧称洋装，起源于欧洲，晚清时传入我国。目前，西服已经成为国际通用的服装。

西服属于正装，版型变化比其他款式的服装少。西服的版型变化主要是一些细节上的变化，比如说廓形风格的变化、领子造型的变化、大兜的变化、后背衩的变化等。这些细节的变化一般来说也与西服穿着场合有着密切的联系。

西服上衣的分类方式有以下几种：

1. 按纽扣排列方式不同可分单排扣西服上衣和双排扣西服上衣。

（1）单排扣西服上衣。最常见的单排扣西服上衣有一粒纽扣单排扣西服上衣、两粒纽扣单排扣西服上衣、三粒纽扣单排扣西服上衣 3 种。一粒纽扣单排扣西服上衣、三粒纽扣单排扣西服上衣穿起来较时髦，而两粒纽扣单排扣西服上衣穿起来则显得更为正式一些。男式单排扣西服上衣款式造型以有两粒纽扣、平驳领、高驳头、圆角下摆为主。

（2）双排扣西服上衣。最常见的双排扣西服上衣有两粒纽扣双排扣西服上衣、四粒纽扣双排扣西服上衣、六粒纽扣双排扣西服上衣 3 种。两粒纽扣双排扣西服上衣、六粒纽扣双排扣西服上衣属于款式流行的西服上衣，而四粒纽扣双排扣西服上衣则属于经典款的西服上衣。男式双排扣西服上衣款式造型以有六粒扣、戗驳领、方角下摆为主。

2. 按版型不同可分为欧版西服上衣、英版西服上衣、美版西服上衣、日版西服上衣。版型指的是西服上衣的外观轮廓。

（1）欧版西服上衣（见图 3–1）。欧版西服上衣主要流行于欧洲国家，比如意大利、法国。欧版西服上衣的基本轮廓呈倒梯形，宽肩收腰，这和欧洲男士比较高大魁梧的身材相适应。双排扣、收腰、宽肩是欧版西服上衣的基本特点。

（2）英版西服上衣（见图 3–2）。它是欧版西服上衣的一个变化品种。单排扣西服上衣领子比较宽，也比较狭长。英版西服上衣，一般钉三粒纽扣，它的基本轮廓呈倒梯形。

图 3–1　欧版西服上衣

图 3–2　英版西服上衣

（3）美版西服上衣（见图 3–3）。美版西服上衣基本轮廓呈 O 形，它宽松肥大，一般都是休闲风格的，适合在休闲场合穿着。

（4）日版西服上衣（见图 3–4）。日版西服上衣的基本轮廓呈 H 形，它适合亚洲男士穿着。一般而言，它多是单排扣式的，衣后不开衩。

3. 按穿着场合不同可分为礼服和便服。

（1）礼服。礼服又可以分为常礼服（又叫晨礼服，白天穿）、晚礼服（晚间穿）、燕尾服等。礼服必须是由纯黑毛料制成的，穿着时需配黑皮鞋、黑袜子、白衬衣、黑领结。

（2）便服。便服又分为便装和正装。正装一般是由深颜色毛料（含毛量在 70% 以上）制成的，穿着时上下身服装必须同色、同料，做工良好。

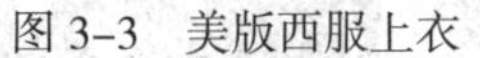
图 3–3　美版西服上衣

图 3–4　日版西服上衣

4. 按领型不同可分为平驳领西服上衣、戗驳领西服上衣和青果领西服上衣等。不同领型的西服上衣适合在不同的场合穿着。

（1）平驳领是最经典的西服领型之一，它属于钝领，其下半片和上半片之间有一个夹角。平驳领西服上衣（见图 3–5）最经典的样式是钉两粒纽扣、装有盖双嵌线口袋，适合在商务场合、婚礼场合或休闲场合穿着，实用性非常高。

图 3–5　平驳领西服上衣

（2）戗驳领是最霸气的西服领型之一。戗驳领有棱有角，霸气十足。戗驳领西服上衣（见图 3–6）最经典的样式是钉双排六粒纽扣、装有盖双嵌线口袋，适合在年会、酒会、婚礼等重要场合穿着。

图 3–6　戗驳领西服上衣

（3）青果领西服上衣（见图 3–7）适合在隆重的场合穿着，如婚礼、重大仪式、晚宴等，也可以通过混搭，在日常穿着。青果领西服上衣是当代青年非常喜爱的外套之一，它穿在身上既舒适又有美感。

图 3–7　青果领西服上衣

5. 按口袋类型不同可分为贴兜西服上衣、挖兜西服上衣、插兜西服上衣。这几类口袋具体又可细分为圆贴袋、方贴袋、明贴袋、暗贴袋、风琴式立体口袋、有盖双嵌线口袋、单嵌线口袋、斜插袋、直插袋等（见图 3–8）。

a）

b）

图 3–8　各类西服上衣口袋

a）有盖双嵌线口袋　b）明贴袋

6. 按开衩方式不同可分为无开衩西服上衣、中间开衩西服上衣和两侧开衩西服上衣（见图 3–9）。西服上衣常见的开衩是直线型开衩，即开衩方向与后背中缝线垂直对齐。两侧开衩西服上衣能使双腿有更大空间去伸展，在穿着者进行较大幅度运动时，仍能在一定程度上保持固有的曲线，同时，它的后背可不预留中缝线，在视觉上相对干净、简约。两侧开衩西服上衣尤其受企业家和年轻职场男士欢迎。

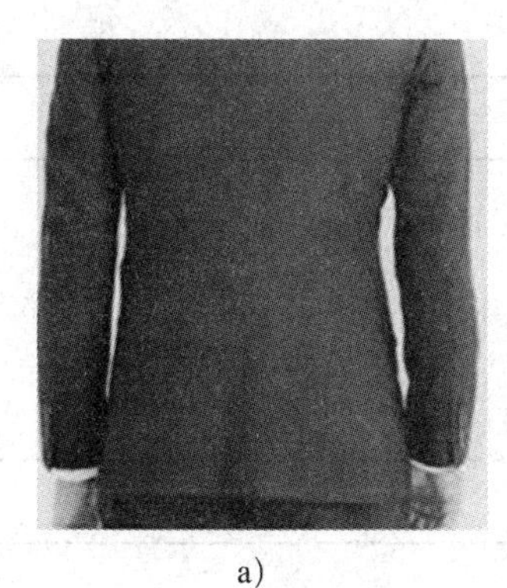

a）

b）

c）

图 3–9　不同开衩方式的西服上衣

a）无开衩西服上衣　b）中间开衩西服上衣

c）两侧开衩西服上衣

7. 按面料不同可分为法兰绒西服上衣、灯芯绒西服上衣等（见图 3-10）。

a）

b）

图 3-10　各类面料的西服上衣

a）法兰绒西服上衣　b）灯芯绒西服上衣

查询与收集

（1）请查阅资料，简要写出常规款式男式西服的特点以及近几年男式西服款式变化的趋势。

查询与收集

（2）请查阅资料，写出男式西服工业样板的种类。

查询与收集

（3）请查阅资料，写出男式西服工业样板制作的重点和难点。

____

____

world skills international 世赛链接

西服的样板制作是世界技能大赛时装技术项目中经常会测试的内容。在世界技能大赛时装技术项目比赛中，每位选手都应在规定时间内完成某类服装设计、制版、制作的任务，这其中就有可能涉及有关西服类服装的任务。男女西服的总体造型基本一致，它们的基本造型几乎固定，变化不大，区别在于女式西服的线条较为柔和，造型更优美，更适身合体，吸腰量与下摆均大于男式西服。基本款男式西服如图 3–11 所示。

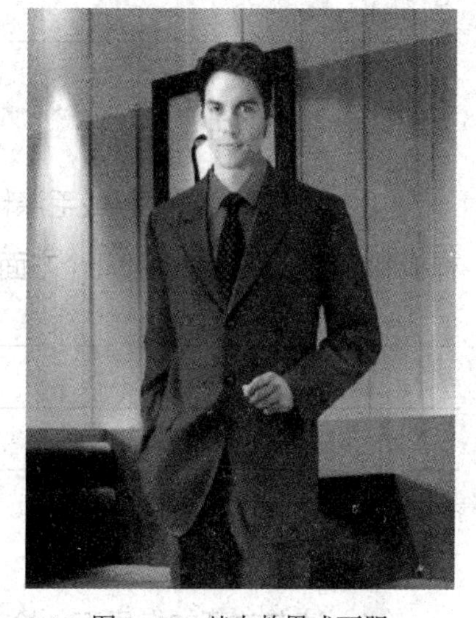

图 3–11　基本款男式西服

2. 学习检验

引导问题

（1）在教师的引导下，独立完成表 3-3 的填写。

表 3-3　学习任务与学习活动简要归纳表

本次学习任务的名称	
本次学习任务的内容	
本次学习任务的主要目标	
本次学习活动的名称	
本次学习活动的主要目标	
男式西服工业样板的制作要求	
本次学习活动中实现难度较大的目标	

引导问题

（2）在国家标准《服装号型　男子》（GB/T 1335.1—2008）中，身高170 cm、体型为A型的男子，其坐姿颈椎点高、全臂长、颈围、肩宽、胸围、腰围、臀围各是多少？对照表3-1，分析并写出M码的三开身六片男式西服的领围、胸围、腰围、衣长、袖长和肩宽的放松量。

____

____

____

引导问题

（3）西服一般用毛料或毛涤料制作，通常要采取干洗的方式洗涤。在西服基础样板制作时，需要考虑哪几个方面的缩率？缩率是如何加放的？为什么？

____

____

____

训练

（4）请在教师的指导下，检查核对男式西服工业样板制作使用的工具及材料，并填写表3-4。

表3-4　　工具、材料信息填写表

序号	名称	用途

引导、评价、更正与完善

在教师讲评引导的基础上，对本阶段的学习活动成果进行自我评价和小组评价（100 分制），之后独立用红笔对本阶段有关问题的回答进行更正和完善。

项目	类别	分数	项目	类别	分数
个人自评分	关键能力		小组评分	关键能力	
	专业能力			专业能力	

（二）制订男式西服工业样板制作计划

1. 知识学习

学习制订计划的基本方法、内容和注意事项。

制订计划参考意见：整个工作的内容和目标是什么？整个工作分几步实施？工作过程中要注意什么？小组成员之间该如何配合？出现问题该如何处理？

2. 学习检验

引导问题

（1）请简要写出你们小组的计划。

______

______

______

引导问题

（2）你在制订计划的过程中承担了什么工作？有什么体会？

______

______

______

引导问题

（3）教师对小组的计划提出了什么修改建议？为什么？

______

______

______

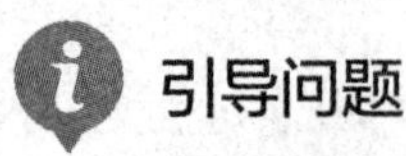

引导问题

（4）你认为计划中哪些地方比较难实施？为什么？你有什么想法？

引导问题

（5）小组最终做出了什么决定？是如何做出的？

引导、评价、更正与完善

在教师讲评引导的基础上，对本阶段的学习活动成果进行自我评价和小组评价（100 分制），之后独立用红笔对本阶段有关问题的回答进行更正和完善。

项目	类别	分数	项目	类别	分数
个人自评分	关键能力		小组评分	关键能力	
	专业能力			专业能力	

（三）男式西服工业样板制作与检验

1. 知识学习

小贴士

男式西服工业样板制作流程：核对制版规格→绘制后片→绘制前片→绘制领片→绘制袖片→拷贝样片→缝份加放→制作样衣→推板放码→检验核对→填写清单。

2. 操作演示

请扫二维码，观看男式西服样板制作的视频。

3. 技能训练

(1)在教师的指导下，依据表 3-1 提供的 M 码男式西服成品规格，通过小组讨论，填写表 3-5。

表 3-5　男式西服基础样板尺寸设定表　单位：cm

号型	类型	衣长	胸围	肩宽	袖长	袖口	背长
170/92A（M）	成品	74	108	46	59	30	42.5
	制板						

小贴士

1. 男式西服量体尺寸

（1）衣长：男式西服属于标准型上衣，衣长可视款式及个人爱好而定。

（2）胸围：男式西服胸围的加放量一般为 16 ~ 18 cm，可根据款式特点及穿着要求设定加放量。

（3）肩宽：男式西服的肩宽一般不加放，但一些特别的款式除外（如宽松款西服和休闲西服）。

（4）领围：男式西服领围一般在 40 cm 左右，翻驳领可以不用测量领围。

（5）袖长：因男式西服袖口通常要露出一点衬衣袖口，所以男式西服的袖长一般比普通上衣的稍短，袖长量至手腕下一指的位置即可。

2. 男式西服版型结构设计

男式西服版型的变化比较少，它一般为三开身结构。三开身结构是以后背宽线为分割的位置，前后衣片的胸围各占总胸围的 1/3，后背宽占总胸围的 1/3。由于后背宽线正是后背向侧身转折的部位，人体体表在此处起伏变化较大，所以，在此处设分割线有利于服装造型立体。

将三开身西服的腋下省变成分割线就可制成六片式西服。在六片式西服的结构上可以增设肚省，肚省的设计可使前片的胸省由菱形变成剑形，这有利于打造西服的曲面造型。

3. 男式西服样板制作要点

（1）西服领子是直接在前片领口上裁配的，根据男性体型和款式造型的需要，男式西服前横开领较大，翻领松度可略小一些。

（2）男式西服胁省通过大袋口后端直至底边，形成一条分割线，将前衣片分割成两片，裁剪时应注意对条对格。

（3）大袋收肚省（也称横省）一只，其量的大小应根据穿着者体型而定。胸腰差较小（B 体型或 C 体型）时，省量可略加大一些，相应的在腰节处的腰省量及侧缝劈量也要减小一些。

（4）袖片在后袖缝线处不设置偏袖量。

小贴士

1. 男式西服样板制作主要部位分配比例、尺寸见表 3–6。

表 3–6　　男式西服样板制作主要部位分配比例、尺寸　　单位：cm

序号	部位	分配比例	尺寸	序号	部位	分配比例	尺寸
1	衣长	衣长尺寸	74	13	前落肩	B/20	5.4
2	后领口深	2.3（定寸）	2.3	14	前肩宽	S/2	23
3	后领口宽	B/12	9	15	前袖窿深	B/5+4.5	26.1
4	后落肩	B/20–1	4.4	16	前胸宽	B/6+1.5	19.5
5	后袖窿深	B/5+4.5	26.1	17	前胸侧宽	B/6–3	15
6	后肩宽	S/2+0.5	23.5	18	袖长	袖长尺寸	59
7	后背宽	B/6+2.5	20.8	19	袖肥	AH/2×0.7	19.25
8	后胸围大	B/6+1.5+0.3	19.8	20	袖山深	AH/2×0.7	19.25
9	后腰围大	B/6–1	17	21	袖肘线	袖长 /2+5	34.5
10	后下摆宽	B/6+1	19	22	袖口	袖口 /2	15
11	前领口深	B/12	9	23	后领宽	8（定寸）	8
12	前领口宽	B/12	9	24	领长	根据款式定	

2. 男式西服样板制作步骤

（1）后片开格线

①后中线：平行布边做一条直线。

②后上平线：垂直后中线做一条直线。

③下平线：由后上平线向下量 74 cm（衣长），做平行于后上平线的直线。

④后领口深线：由后上平线向下量，取 2.3 cm，做平行于后上平线的直线。

⑤后落肩线：由后上平线向下量，取 4.4 cm（B/20–1），做平行于后上平

线的直线。

⑥后袖窿深线：由后上平线向下量，取 26.1 cm（B/5+4.5），做平行于后上平线的直线。

⑦后腰节线：由后上平线向下量，取 42.5 cm（背长或号 /4），做平行于后上平线的直线。

⑧后领口宽线：由后中线量进，取 9 cm（B/12），做平行于后中线的直线。

⑨后肩宽：由后中线量进，在 23.5 cm（S/2+0.5）处定点。

⑩后背缝线：将后领口深线和后袖窿深线之间的距离分 3 份，在后袖窿深线上 1/3 往里 1 cm 处定点，在后腰节线往里 2.5 cm 处定点，在下平线往里 3 cm 处定点，用弧线连接三处定点。

⑪后背宽线：由后中线量进，在 20.8 cm（B/6+2.5）处定点，做平行于后中线的直线。

⑫后袖窿起翘：从后袖窿深线和后背宽线的交点，沿后背宽线往上量 5 cm。

⑬后胸围大：由后背缝线量进，在 19.8 cm（B/6+1.5+0.3）处定点。

⑭后腰围大：由后背缝线量进，在 17 cm（B/6−1）处定点。

⑮后下摆宽：由后背缝线与下平线的交点沿下平线方向量，在 19 cm（B/6+1）处定点。

（2）后片轮廓线

①用弧线连接后领窝轮廓线、袖窿起翘点轮廓线。

②用直线连接肩端点至领宽点。

③用弧线连接袖窿起翘点和侧缝下摆轮廓线。

④用弧线连接后领中点和后中下摆的后背轮廓线。

⑤画顺后片下摆轮廓线。

（3）前片开格线

①前中线：由后中线量出，在距离后中线 54 cm（B/2）处做一条直线，平行于后中线。

②前上平线：延长后领口深线至前中线。

③下平线：延长后片下平线至前中线。

④前落肩线：由前上平线向下量，取 5.4 cm（B/20），做平行于前上平线的直线。

⑤前袖窿深线：延长后袖窿深线，或在距离前上平线 26.1 cm（B/5+4.5）处做平行于前上平线的直线。

⑥前腰节线：延长后腰节线，在前中线和后腰节线延长线的交点往下量 1 cm，定点，用直线连接该定点与后腰节线终点。

⑦撇胸线：由前中线量进，在 2 cm 处定点，用直线连接该定点与前中线和前袖窿深线的交点。

⑧前领口深线：由撇胸线和前上平线的交点向上量 2.2 cm，定点，再由该定点向下量 9 cm（B/12），在此处做平行于前上平线的直线。

⑨前领口宽线：由撇胸线量进，在 9 cm（B/12）处做平行于前中线的直线。

⑩前肩宽：由撇胸线上点斜量至前落肩线，在 23 cm（S/2）处定点。

⑪前胸宽线：在撇胸线 1/3 处定点，沿垂直于撇胸线的方向量进，在 19.5 cm（B/6+1.5）处做平行于前中线的直线。

⑫前胸侧宽线：由前胸宽线量进，在距离前胸宽线 15 cm（B/6–3）处做平行于前中线的直线。

⑬前袖窿起翘：过后片袖窿起翘点做平行于前袖窿深线的直线。

⑭手巾袋位：在前片左侧，在前中线和前胸宽线的中点往袖窿方向 2 cm 处做手巾袋袋口中点，手巾袋长为 10.8 cm（B/10），宽为 2.5 cm。手巾袋起翘点在前袖窿深线靠袖窿方向上 1.5 cm 处，前袖窿深线上靠前门襟处为手巾袋袋口的另一边。

⑮叠门线：由前中线量出，在 2 cm 处做平行于前中线的直线。

⑯纽扣位：腰位线为第二粒纽扣的位置，第二粒纽扣上 10 cm 处为第一粒纽扣的位置，下 10 cm 处为第三粒纽扣的位置。

⑰大袋线：在前腰节线下 8.5 cm 处，做平行于前腰节线的直线。

⑱大袋位：在前胸宽线与大袋线的交点往门襟方向 2 cm 处做大袋袋口中点，袋口宽为 5.5 cm，长为 15.8 cm（B/10+5）。

⑲前省位线：过前胸宽的 1/2 处与大袋口入 2 cm 处做一条直线，前袖窿深线下 4 cm 处为省尖点，腰位省量共 1.5 cm，袋口处省量为 1 cm。

⑳分割线：在前侧片袖窿 1/2 往门襟方向 2 cm 处定点，在大袋袋口侧缝

方向的一边入 2 cm 处定点，用直线连接两处定点并延长该直线至下平线，袖窿处收省量为 1 cm，腰位收省量为 1.5 cm，下摆撇出为 1.8 cm。

㉑侧缝线：连接画顺侧缝线和前腰节线的交点入 2 cm 处，袖窿高和侧缝线的交点，下平线和侧缝线的交点。

㉒驳口线：用直线连接前上平线与前领口宽线的交点往外 2 cm 处和叠门线上第一粒纽扣位置的端点。

㉓串口斜线：由前上平线和前领口深线之间的中点，过撇胸线和前领口宽线的交点做一条延长线。

㉔驳领止口线：垂直驳口线做直线，该直线与串口斜线相交，长为 7.5 cm，再连接该直线下端与驳口线端点。

㉕前门斜线：由前中线和下平线的交点，沿下平线往里量，在 2 cm 处定点，用直线连接该定点和叠门线与第二粒纽扣位置的交点。

㉖下摆斜线：将前门斜线向下延长 1.5 cm，定点，用直线连接该定点与分割线端点。

（4）前片轮廓线

①用弧线连接前肩端点和袖窿起翘轮廓线。

②用弧线连接前侧缝、分割缝轮廓线。

③用弧线连接前门襟、底边、下摆圆角轮廓线。

④用弧线连接袋盖圆角、袋位轮廓线。

⑤连接画顺前肩线端点和领宽点轮廓线、省位轮廓线。

（5）袖片开格线

①前袖基础线：做一条平行于布边的直线。

②袖上平线：垂直于前袖基础线做一条直线。

③袖下平线：由袖上平线向下量，取 59 cm（袖长），垂直于前袖基础线做一条直线。

④袖肥线：由前袖基础线量出，取 19.25 cm（AH/2 × 0.7），做平行于前袖基础线的直线。

⑤袖山深线：从前袖基础线和袖上平线的交点向下量，取 19.25 cm（AH/2 × 0.7），做平行于袖上平线的直线。

⑥袖宽中线：过前袖基础线和袖肥线之间的中点，做一条垂直于袖山深线的直线。

⑦大袖线：由前袖基础线量出 3 cm，从袖山深线向下画至袖口，做平行于前袖基础线的直线。

⑧小袖线：由前袖基础线量进 3 cm，从袖山深线向下画至袖口，做平行于前袖基础线的直线。

⑨袖肘线：由袖上平线向下量，在 34.5 cm（袖长 /2+5）处定点，在该定点处做平行于袖下平线的直线。

⑩袖口宽线：由前袖基础线斜量至后袖口宽点（后袖口向下 1.5 cm 处）取袖口宽的 1/2（15 cm），做一条斜线。

⑪后袖山斜线：用直线连接袖上平线与袖宽中线的交点和后袖山深的 1/3 处。

⑫前袖山斜线：用直线连接袖上平线的 1/4 处和前袖山深的 1/4 处。

⑬后袖弧线（大袖）：将后袖山斜线延长 0.8 cm，定点，由袖山深线与袖肥线交点量出 1 cm，定点，用弧线画顺两处定点和后袖口宽点。

⑭前袖弧线（大袖）：在袖肘线上量入 1 cm，定点；由前袖基础线与袖山深的交点沿袖山深线量出 3 cm，定点；在袖口处量出 1 cm，定点；用弧线画顺三处定点。

⑮袖衩：平行于后袖弧线，量取长为 10 cm、宽为 3 cm 的袖衩。

⑯后袖弧线（小袖）：在后袖山深的上 1/3 处向下量 0.8 cm，定点，由该定点处做平行于袖山深线的直线，直线长 2.2 cm，定点；在袖山深线与袖宽线交点处量入 1 cm，定点；用弧线画顺两处定点和后袖口宽点。

⑰前袖弧线（小袖）：在袖肘线和小袖线交点沿袖肘线量入 1 cm，定点；在小袖线与袖山深线的交点处定点；在袖口处量出 1cm，定点；用弧线画顺三处定点。

（6）袖片轮廓线

①用弧线画顺大袖袖头轮廓线、大袖后袖缝轮廓线、大袖前偏缝轮廓线、大袖口轮廓线。

②用弧线画顺小袖袖头轮廓线、小袖后袖缝轮廓线、小袖前偏缝轮廓线、小袖口轮廓线。

③画顺袖开衩轮廓线。

训练

（2）参照表 3-1 和图 3-12、图 3-13，独立完成男式西服的制版与检验，然后回答下列问题。

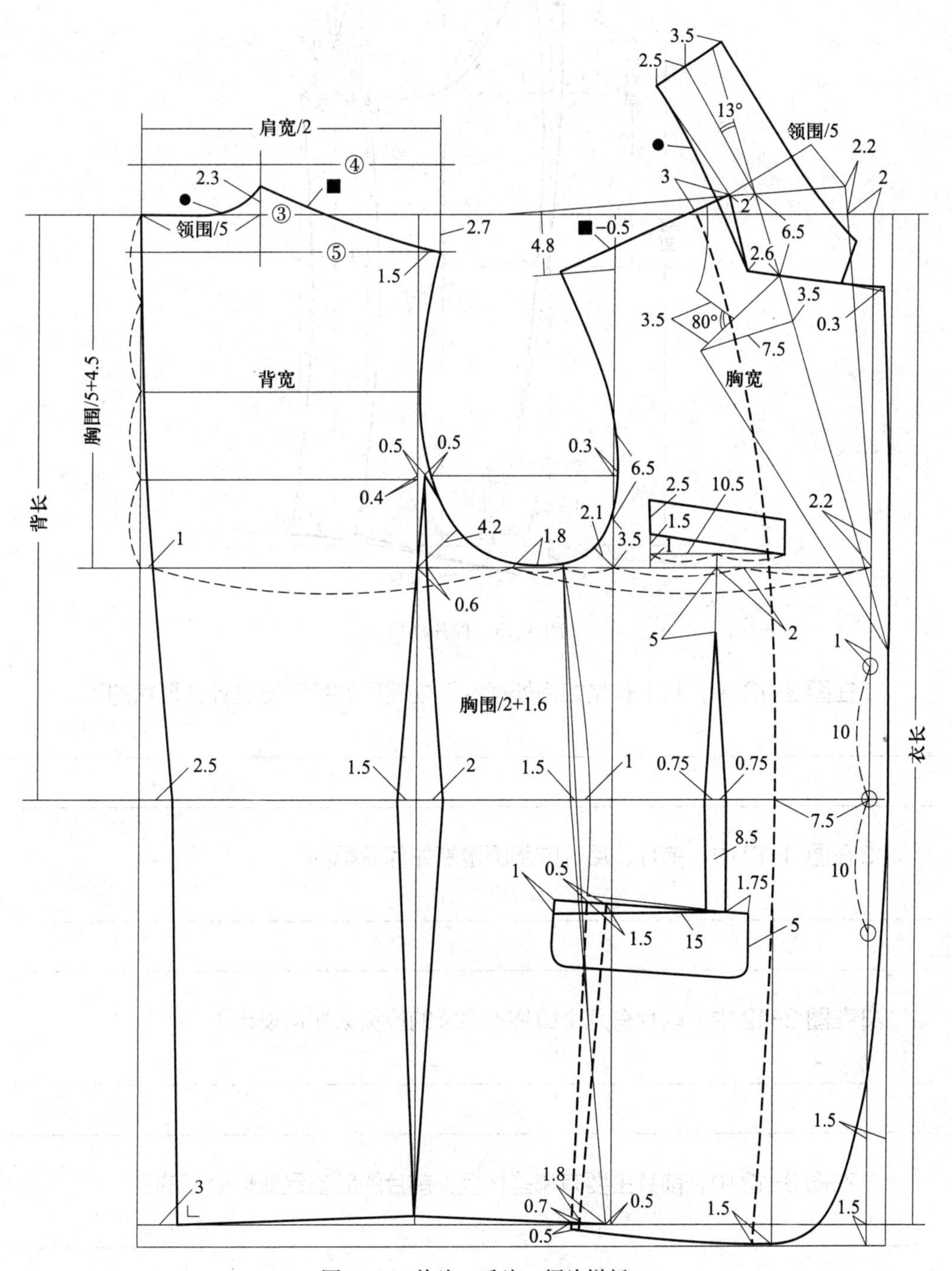

图 3-12　前片、后片、领片样板

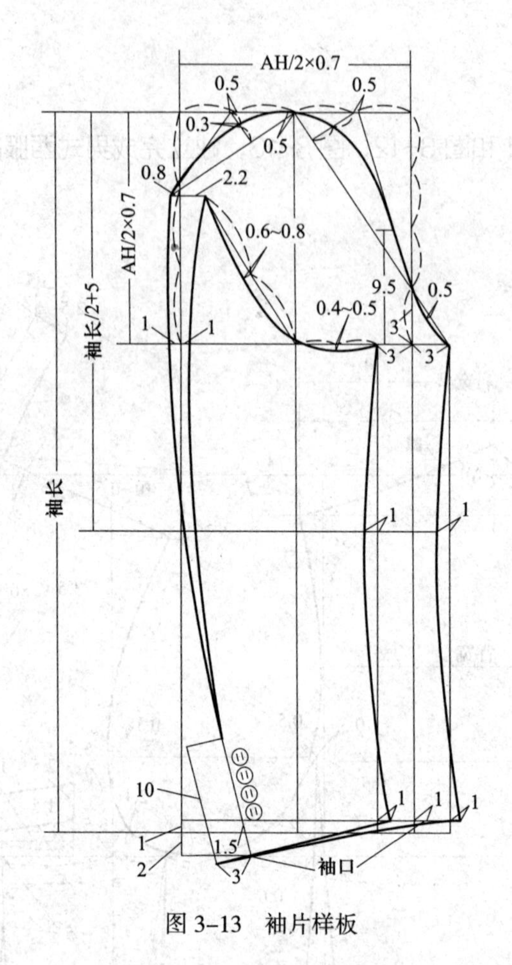

图 3-13 袖片样板

①在图 3-12 中，腋下省是如何处理的？处理后的腋下省是什么形状的？

②在图 3-12 中，前片、后片的胸围量是如何分配的？

③在图 3-12 中，前片有几个口袋？口袋的位置该如何设定？

④在图 3-12 中，前片主要有哪些样板？前片的肚省是如何处理的？

⑤在图 3-12 中，袖窿深是如何计算的？袖窿深处理量是多少？

____

____

⑥在图 3-13 中，袖山深与袖肥是如何设定的？有没有其他设定方法？袖窿与袖山的缝合对位点是如何设定的？

____

____

⑦在图 3-12 中，领子是如何设定的？领口和领子的匹配关系是如何处理的？

____

____

⑧在图 3-13 中，袖窿与衣身对位点共有几个？它们是如何设置的？

____

____

小贴士

男式西服样板放缝要求

1. 前片、后片、袖片放缝

（1）面料样板：前片、后片、袖片放缝 1 cm，后中放缝 1.5 cm，底边及袖口折边放缝 4 ~ 4.5 cm。

（2）里料样板：前片、后片一般放缝 1 cm，后中放缝 2.5 cm，底边及袖口放缝 2 ~ 2.5 cm，袖窿底放缝 2.5 cm。

2. 零部件样板放缝

（1）挂面四周放缝 1 cm。

（2）领面放缝 1.5 cm，领底放缝 1 cm，袋盖口放缝 1.5 cm，袋嵌线、袋贴、袋布均放缝 1 cm。

训练

（3）参照图 3-14、图 3-15、图 3-16，独立完成男式西服样板缝份加放及面料样板、里料样板的绘制与检验，然后回答下列问题。

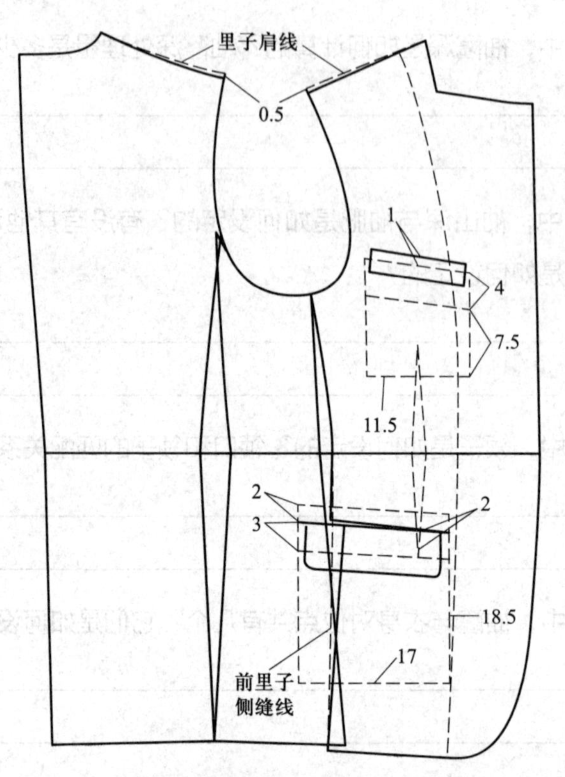

图 3-14　男式西服里料样板与袋布样板处理示意图

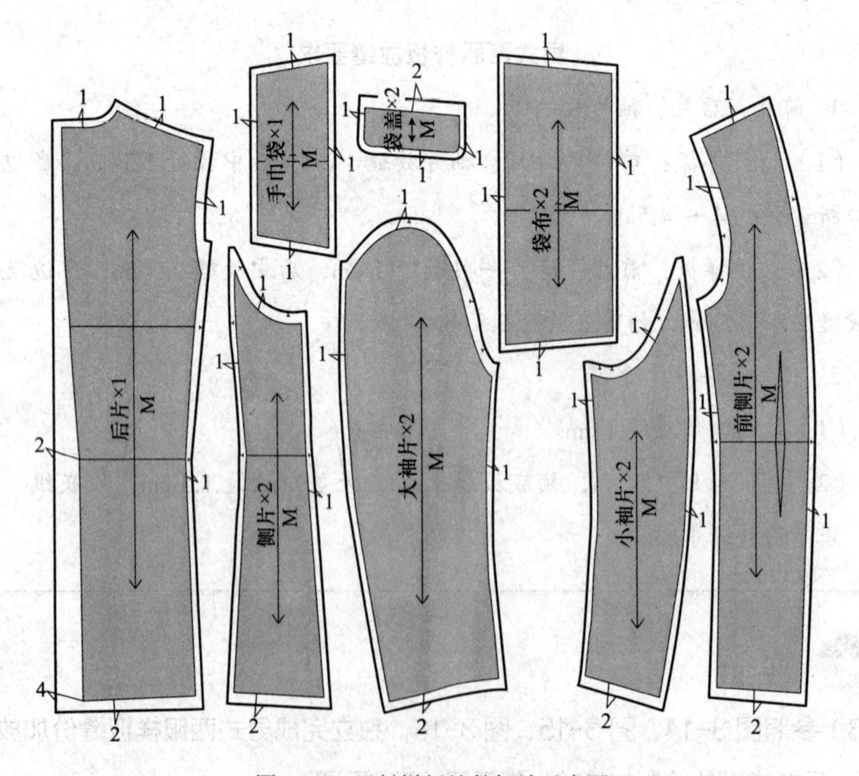

图 3-15　里料样板缝份加放示意图

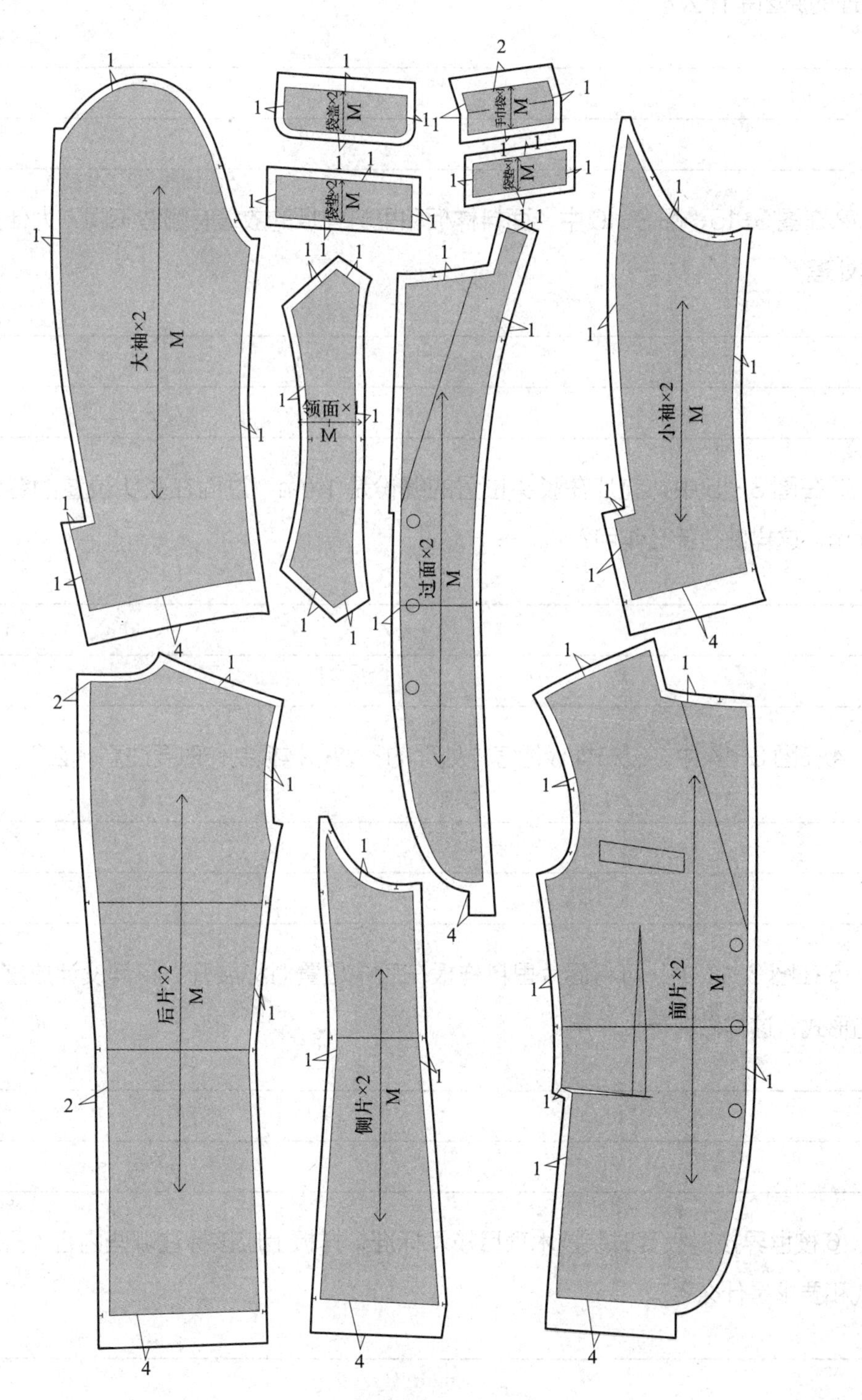

图 3-16　面料样板缝份加放示意图

①在图 3-14 中，前片、后片里料样板在肩点位置统一向下移动了 0.5 cm，这样处理的原因是什么？

②在图 3-15、图 3-16 中，面料样板和里料样板的放缝有哪些不同？为什么要这样处理？

③在图 3-15 中，前片在驳头位置的缝份是 1 cm，过面在驳头位置的缝份是 1.2 cm，这样做有什么作用？

④在图 3-14 中，袋布样板是怎样处理的？袋布样板制作时要注意什么？

⑤在图 3-16 中，可将后片里料样板在后中位置对称展开，将其设计成整片样板的形式，这样做有什么作用？

⑥按世界技能大赛时装技术项目技术标准，样板上应该标注哪些内容？标注的方式和要求是什么？

⑦参照世界技能大赛时装技术项目技术标准，说一说男式西服样板的裁片流畅性和对接匹配度的检验方法。

小贴士

西服之所以能挺拔有型，它的里衬起到了功不可没的作用。在不影响面料手感和风格的前提下，衬布的硬挺和弹性可使西服平挺而抗褶皱。覆衬后的服装，因多了一层衬布的保护和固定而更加耐穿。西服的覆衬方法有以下几种：

1. 粘合衬布。粘合衬布是现代西服制作工艺，西服前身与驳头都需要粘合一层衬布，胸部粘合衬布可使西服挺括。

2. 半毛衬。半毛衬是经典的西服制作工艺。毛质胸衬从上而下到达西服前身的腰部，该工艺由此得名半毛衬。半毛衬西服的覆衬方法通常有以下 2 种：

（1）在前衣片的相应部位粘合有纺粘合衬（作大身衬），而驳头衬用黑炭衬。

（2）在前衣片的相应部位粘合有纺粘合衬（作大身衬），然后在大身腰节以上的部位选用优质黑炭衬作主胸衬，驳头衬也用同样的黑炭衬。

3. 全毛衬。全毛衬西服是档次最高、最传统、最经典的精品西服。它的衬布完全不依靠黏合剂，依靠其本身性能就可塑造西服的造型，胸衬从上而下到达西服前身的底部。全毛衬西服制作工艺复杂，其中，覆衬要在湿度为 90% 的环境下进行，以使面料恢复到织布环境时的自然舒展，非常费工耗时。

训练

（4）参照图 3-17，独立完成男式西服衬料样板的制作与检验，然后回答下列问题。

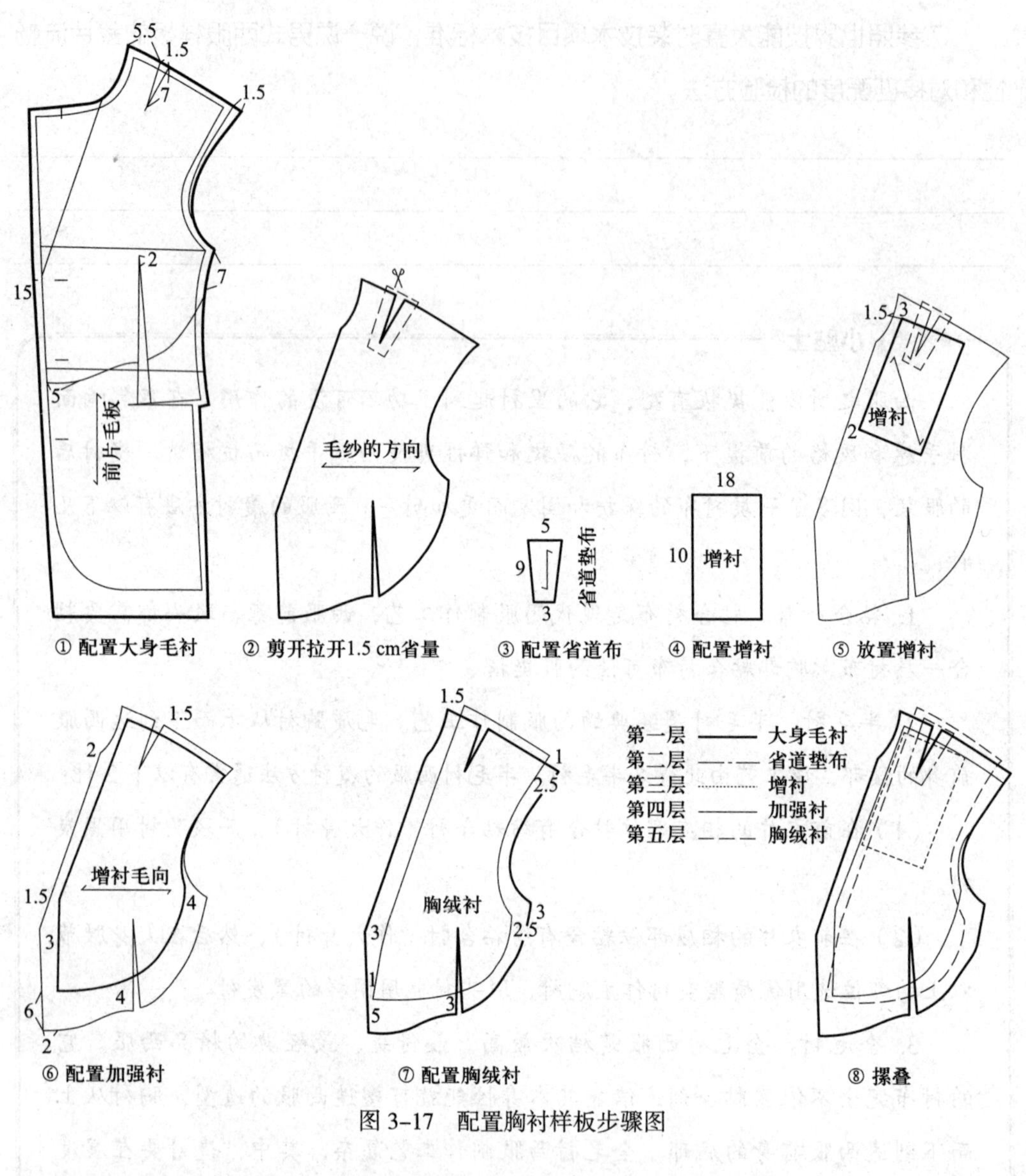

图 3-17　配置胸衬样板步骤图

①写出图 3-17 中每一层衬料样板的名称？

②在男式西服的裁片中，哪些部位需要放置衬料？

③按男式西服制作工艺分类，说一说裁片衬料的配置方法有几种？每种方法分别需要什么类型的衬布？

____

____

____

④按男式西服的制作方法，说一说衬料样板的制作方法和步骤。

____

____

____

检验修正

（5）在教师的指导下，对照表 3-1，独立完成男式西服基础样板的尺寸测量，并将测量结果填写在表 3-7 中。

表 3-7　　样板尺寸记录表　　单位：cm

号型	类型	衣长	胸围	肩宽	袖长	袖口	背长
170/92A（M）	设定尺寸	74	108	46	59	30	42.5
	实测尺寸						

分类整理

（6）在全面复核的基础上，对男式西服的基础样板进行分类整理，填写表 3-8，并写出封样意见，然后对照封样意见，将基础样板调整到位。

表 3-8　　男式西服基础样板汇总清单

基础样板	裁剪样板数量	工艺样板数量
面料样板		
里料样板		
衬料样板		
修正板		
定位板		
定型板		

封样意见

小贴士

系列样板推放是以母板为基础，按标准号型规格的档差（规格差）进行计算、推移和放缩的。系列样板推板放码要求如下：

1. 对各部位的档差进行合理分配，并根据需要放缩，使放缩后的系列样板与标准母板的造型、款式相似或相同。

2. 只能根据各部位的规格档差和分配情况在垂直或水平的方向上取点放缩，不能在斜线上取点进行档差放缩。

3. 某一部位的档差分配在几个缝份部位，则这几个部位放缩的档差之和等于该部位总档差。

4. 相关联的两个部位（如肩高档差与袖窿深档差、领口深档差与袖窿深档差）在放缩时如果方向相反，则档差大的部位按档差数值放缩，档差小的部位放缩值为两个部位档差之差。放缩方向和档差大的部位的一致。

5. 某些辅助线或辅助点如腰节线、袖肘线、中档线等，也需要根据服装的比例放缩。但这些辅助部位的放缩值不能加在部位总档差和之内。

训练

（7）在教师的指导下，参照表 3-1、表 3-9、表 3-10、表 3-11 和图 3-18、图 3-19，以 M 码为基准码，独立完成男式西服系列样板的推放与检验，然后回答下列问题。

表 3-9　男式西服（前片）各部位档差计算及放缩值　单位：cm

部位	档差及计算方法				放缩部位及放缩值				
	纵档差	计算方法	横档差	计算方法	部位	放缩值	部位	放缩值	备注
袖窿深	4÷5=0.8	胸围档差 /5	4÷20=0.2	胸围档差 /20	颈肩点	0.8 ↑ ← 0.2			
前领口	0.8−0.2−0.1=0.5	袖窿深纵档差 − 胸围档差 /20−0.1	4÷20=0.2	胸围档差 /20	门襟处	0.5 ↑ ← 0.2	领深点	0.5 ↑ ← 0.2	纵档减 0.1（自然抬高量）
肩端点	4÷5−1.2÷10 ≈ 0.67	胸围档差 /5− 肩宽档差 /10	1.2÷2=0.6	肩宽档差 /2	肩端点	0.67 ↑ ← 0.6			
前胸宽	0	纵向不推移	4÷6 ≈ 0.67	胸围档差 /6	袖窿	← 0.67			
腰节	1.2−0.8=0.4	背长档差 − 袖窿深纵档差	4÷6 ≈ 0.67	胸围档差 /6	侧缝	← 0.67 ↓ 0.4			
腰省	1.2−0.8=0.4	背长档差 − 袖窿深纵档差	4÷6÷2 ≈ 0.33	（胸围档差 /6）/2	省中	← 0.33 ↓ 0.4			
前片侧缝	4÷5=0.8	胸围档差 /5	4÷6 ≈ 0.67	胸围档差 /6	侧缝	← 0.67 ↓ 0.8			
袋口	4÷5=0.8	胸围档差 /5	4÷6÷2 ≈ 0.33	（胸围档差 /6）/2	省中	← 0.33 ↓ 0.8			
下摆	2−0.8=1.2	衣长档差 − 袖窿深纵档差	4÷6 ≈ 0.67	胸围档差 /6	门襟处	↓ 1.2	侧缝	← 0.67 ↓ 1.2	
手巾袋	0	纵向不推移	4÷6÷3 ≈ 0.22	（胸围档差 /6）/3	门襟处	← 0.22	袖窿	← 0.5	偏袖窿一边

表 3-10　　男式西服（前侧片、后片）各部位档差计算及放缩值　　单位：cm

部位	档差及计算方法				放缩部位及放缩值				
	纵档差	计算方法	横档差	计算方法	部位	放缩值	部位	放缩值	备注
袖窿起翘	4÷5÷4=0.2	（胸围档差 /5）/4	4÷3-0.7 ≈ 0.63	胸围档差 /3-0.7	袖窿起翘	0.2 ↑ ← 0.63			0.7 为前片放码量
前胸围大	0	纵向不推移	4÷3-0.7 ≈ 0.63	胸围档差 /3-0.7	侧缝	← 0.63			0.7 为前片放码量
前腰节	1.2-0.8=0.4	背长档差 - 袖窿深纵档差	4÷3-0.7 ≈ 0.63	胸围档差 /3-0.7	前侧片侧缝	← 0.63 0.4 ↓	前侧片中缝	0.4 ↓	0.7 为前片放码量
下摆	2-0.8=1.2	衣长档差 - 袖窿深纵档差	4÷3-0.7 ≈ 0.63	胸围档差 /3-0.7	前侧片侧缝	← 0.63 1.2 ↓	前侧片中缝	1.2 ↓	
后领口	4÷5=0.8	胸围档差 /5	4÷20=0.2	胸围档差 /20	颈肩点	0.8 ↑ ← 0.2	后中	0.8 ↑	
肩端点	4÷5-0.12=0.68	胸围档差 /5- 肩宽档差 /10	1.2÷2=0.6	肩宽档差 /2	肩端点	0.68 ↑ ← 0.6			
后背宽	4÷5÷4=0.2	（胸围档差 /5）/4	4÷2-0.7-0.6=0.7	胸围档差 /2-0.7-0.6	后片侧缝	0.2 ↑ ← 0.7			0.7 为前片胸围放码量，0.6 为侧片胸围放码量
后胸围大	0	纵向不推移	4÷2-0.7-0.6=0.7	胸围档差 /2-0.7-0.6	后片侧缝	← 0.7			
后腰节	1.2-0.8=0.4	背长档差 - 袖窿深纵档差	4÷2-0.7-0.6=0.7	胸围档差 /2-0.7-0.6	后片侧缝	← 0.7 0.4 ↓			
下摆	2-0.8=1.2	衣长档差 - 袖窿深纵档差	4÷2-0.7-0.6=0.7	胸围档差 /2-0.7-0.6	后片侧缝	← 0.7 1.2 ↓	后中缝	1.2 ↓	

表 3-11　　男式西服（袖片、领片）各部位档差计算及放缩值　　单位：cm

部位	档差及计算方法				放缩部位及放缩值				
	纵档差	计算方法	横档差	计算方法	部位	放缩值	部位	放缩值	备注
大袖山高	0.8−0.2=0.6	袖窿深纵档差量 − 袖窿起翘纵档差	（4÷5−0.1）÷2=0.35	（胸围差 /5−0.1）/2	袖山	0.6 ↑ ← 0.35			0.1 为调节量
后大袖缝	0.6÷3×2=0.4	（大袖山高纵档差 /3）×2	4÷5−0.1=0.7	胸围档差 /5−0.1	前袖缝		后大袖缝	0.4 ↑ ← 0.7	0.1 为调节量
大袖口宽 / 长	1.5−0.6=0.9	袖长档差 − 大袖山高纵档差	1÷2=0.5	袖口档差 /2	前袖缝	0.9 ↓	后袖缝	← 0.5 0.9 ↓	
大袖衩	1.5−0.6=0.9	袖长档差 − 大袖山高纵档差	1÷2=0.5	袖口档差 /2	前袖缝		大袖衩	← 0.5 0.9 ↓	
小袖山高	0.6÷3×2=0.4	（大袖山高纵档差 /3）×2	0.8−0.1=0.7	胸围档差 /5−0.1	前袖缝		后袖缝	0.4 ↑ ← 0.7	0.1 为调节量
小袖口宽 / 长	1.5−0.6=0.9	袖长档差 − 大袖山高纵档差	1÷2=0.5	袖口档差 /2	前袖缝	0.9 ↓	后袖缝	← 0.5 0.9 ↓	
小袖衩	1.5−0.6=0.9	袖长档差 − 大袖山高纵档差	1÷2=0.5	袖口档差 /2	前袖缝		小袖衩	← 0.5 0.9 ↓	
领口	0	纵向不推移	1÷2=0.5	领围档差 /2	领口	← 0.5	领口	← 0.5	

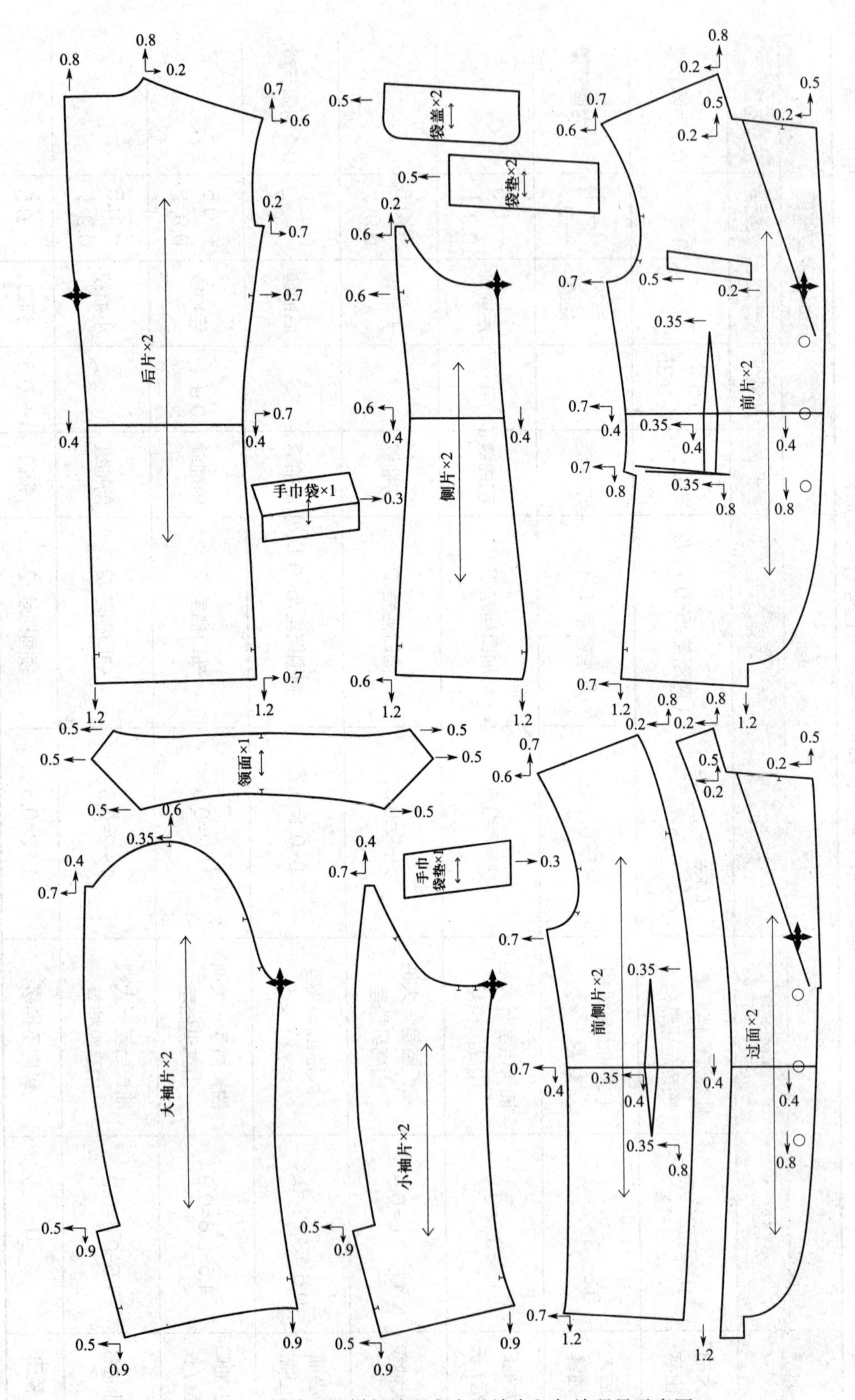

图 3-18 男式西服样板放码方向（放大）与放码量示意图

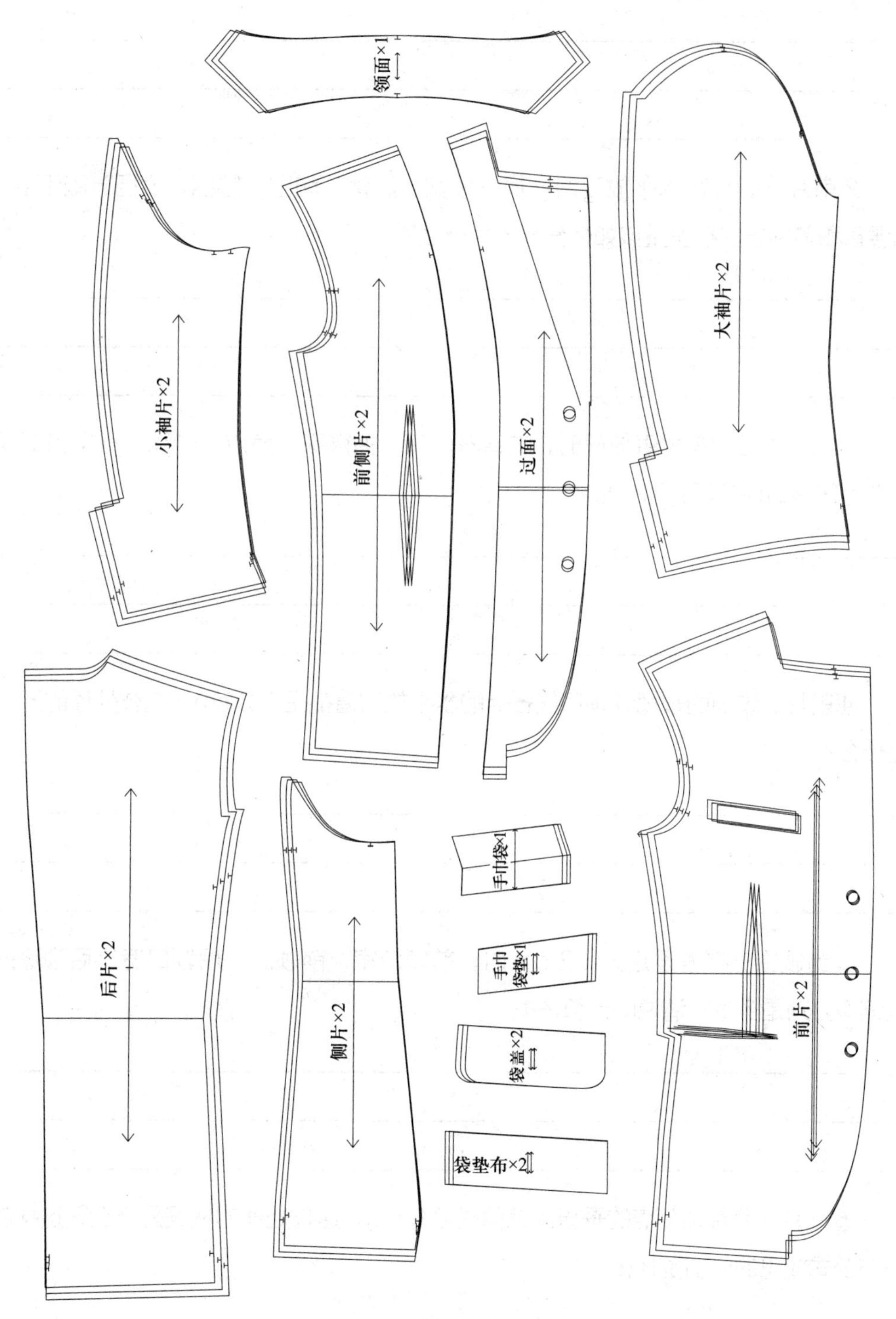

图 3-19　男式西服放码图

①前片、后片在放码时，水平放码与垂直放码该从何处切入？为什么？

②前片、后片在水平放码时，横开领宽、肩宽、胸围、腰围、摆围、腋下省、前腰省和前领省的档差量该如何分配？为什么？

③前片、后片在垂直放码时，前直开领深、袖窿深、肩点、腰线、省尖和下摆的档差量该如何分配？为什么？

④前片、过面的领宽、串口线各点的水平放缩值都是 0.2 cm，这样处理的原因是什么？

⑤当领围的档差设定为 1.2 cm 时，前领口宽、前领深，后领口宽、后领深的放缩值分别是多少？请说明计算依据。

⑥前片、后片颈侧点的垂直放缩值是 0.8 cm，这样处理的依据是什么？这样放码与公式放码的区别是什么？

⑦前片、后片侧缝线在上端点的垂直放缩值是 0.2 cm，这样处理的根据是什么？该放缩值是否可变？

⑧大小袖放码的基准点统一定在前袖缝线的上端点，这样做有什么好处？

⑨袖片袖肥的放缩值是 0.7 cm，袖山深的放缩值是 0.5 cm，这两个放缩值是如何计算出来的？

⑩袖窿深、袖山深的放缩值与袖肥的放缩值之间有什么内在联系？具体的控制标准是什么？

小贴士

在服装企业中，男式西服样板制作完毕、未经复核确认是不准投入使用的，其复核的内容包括以下几项：

1. 样板的款式结构与订货单效果图（或实样）是否相符，样板数量是否正确。

2. 衣长、袖长、袖肥、袖口、领口、肩宽、胸围、腰围、下摆等主要部位的规格尺寸是否符合要求。

3. 衣片组合部位是否圆顺，是否有出角。

4. 衣片与部件是否吻合。

5. 样板各部位分档是否合理，是否按照服装号型规定的分档系数推档。

6. 样板上的文字是否准确、完整，主要核对以下内容：

（1）样板上是否已标明产品名称、型号、规格。

（2）样板上是否已做面料样板、里料样板、衬料样板、净样板、工艺样板等标记。

（3）不对称款式的样板是否已注明其样板的部位。

（4）样板上是否已注明经纬方向。

（5）需要裁剪出几片零部件的样板，是否已在样板上标明其裁剪的片数。

（6）样板上的文字是否端正，是否潦草和有涂改，样板表面是否整洁。

（7）样板刀口是否顺直，弧度是否圆顺。

（8）样板上的定位标记是否准确，是否有遗漏，定位标记的内容应包括剪口、钻眼和粉印。

（9）样板全部复核完毕后，要认真做好复核记录，并要沿样板边缝盖“样板复核”的印章。

检验修正

（8）对照表 3-1 和图 3-18、图 3-19，独立完成男式西服系列样板的复核，如有遗漏或错误，及时修正，然后回答下列问题。

①结合世界技能大赛时装技术项目技术标准，说一说男式西服系列样板的质量要求。

______

______

______

②结合世界技能大赛时装技术项目技术标准，说一说男式西服系列样板复核的内容。

______

______

______

③男式西服样板在放码时，袖窿与袖山对位点的匹配推放是工作难点，请在教师的指导下，写出男士西服系列样板对位点复核的方法。

____

____

____

检验修正

（9）在教师的指导下，对照表 3-1，独立完成男式西服系列样板的复核，并将复核结果填写在表 3-12 中。

表 3-12　　男式西服系列样板复核记录单

产品型号			产品全称		
本批产品总数			销往地区		
样板编号			样板总数		
面料样板数量		里料样板数量		衬料样板数量	
工艺样板数量		定位样板数量		净样板数量	

各部位规格复核

部位	情况说明
衣长	
背长	
胸围	
肩宽	
袖长	
袖口	

样板规格误差分析：

样板组合部位是否吻合、圆顺、整齐：

样板制作人：　　　　　　复核人：　　　　　　日期：

分类整理

（10）在全面复核的基础上，对男式西服的系列样板进行分类整理，填写表 3-13、表 3-14，并写出封样意见，然后对照封样意见将系列样板调整到位。

表 3-13　男式西服系列样板号型规格核对表　单位：cm

号型	衣长	胸围	肩宽	背长	袖长	袖口
165/88A（S）						
170/92A（M）						
175/96A（L）						

表 3-14　男式西服系列样板汇总清单

样板类型	165/88A（S）		170/92A（M）		175/96A（L）	
	裁剪样板	工艺样板	裁剪样板	工艺样板	裁剪样板	工艺样板
面料样板						
里料样板						
衬料样板						
修正板						
定位板						
定型板						

封样意见

____

____

____

4. 学习检验

检验修正

请在教师的指导下，参照世界技能大赛评分标准完成男式西服系列样板推放质量检验并填写表 3-15，然后将男式西服系列样板调整到位。

表 3-15 男式西服系列样板评分表

序号	分值	评分项目	评分内容	评分标准	得分
1	15	完成男式西服系列样板制作	按照生产工艺单要求，完成男式西服系列样板制作	完成得分，未完成不得分	
2	15	整洁度	样板整洁，裁剪得当，无污垢，可读性强，没有双重线	有一处错误扣 5 分，扣完为止	
3	20	规格	所有生产用样板得以呈现，如果有需要可参考款式图；利用样板可以制作款式图中的服装；样板大小比例与款式号型规格相符	有一处错误扣 5 分，扣完为止	
4	10	样板丝绺	所有样板上都有用水笔标识的丝绺方向；样板丝绺标记为全长，丝绺或折痕处带箭头	有一处错误扣 5 分，扣完为止	
5	10	缝份	所有大小相等的缝份都要保持相同的宽度，所有需要对应的缝份也要完全对应上；缝份线条流畅、对接匹配	有一处错误扣 5 分，扣完为止	
6	20	样板功能	剪口、打孔平衡：服装设计中的特色部分、按纽或纽孔处要打剪口；在所有样板上为缝份打出合适的剪口或用铅笔（或水笔）进行合理标注，边角处不得两边都打剪口	有一处错误扣 5 分，扣完为止	
7	10	工作区整洁	工作结束后，工作区要整理干净，关闭机器、设备电源	有一处不整理扣 5 分，扣完为止	
合计得分					

引导、评价、更正与完善

在教师讲评引导的基础上，对本阶段的学习活动成果进行自我评价和小组评价（100 分制），之后独立用红笔对本阶段有关问题的回答进行更正和完善。

项目	类别	分数	项目	类别	分数
个人自评分	关键能力		小组评分	关键能力	
	专业能力			专业能力	

（四）成果展示与评价反馈

1. 知识学习

学习展示的基本方法、评价的标准和方法。

（1）展示的基本方法：平面展示法、人台展示法、其他展示法。

（2）评价的标准：对照表 3-1，参照世界技能大赛评分标准对男式西服系列样板进行评价。

（3）评价的方法：目测、工具测量、比对、校验等。

worldskills international **世赛链接**

变化款西服制版、制作也常是世界技能大赛时装技术项目的比赛内容。图 3-20 所示为在第 46 届世界技能大赛全国选拔赛中部分参赛选手设计的不同款式的西服。

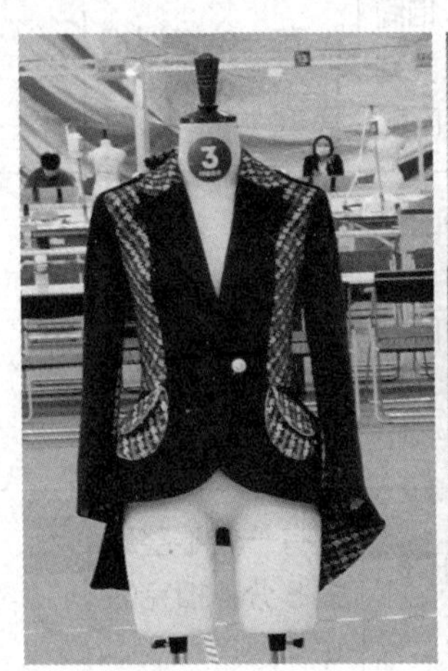

图 3-20　第 46 届世界技能大赛全国选拔赛部分参赛选手作品

2. 技能训练

 **实践**

将男式西服系列样板放在干净的工作台上平面展示。

3. 学习检验

 **引导问题**

（1）在教师的指导下，在小组内进行作品展示，然后经由小组讨论，推选出一

组最佳作品进行全班展示与评价，并由组长简要介绍推选的理由，小组其他成员做补充并记录。

小组最佳作品制作人：________________

推选理由：____

____

其他小组评价意见：____

____

教师评价意见：____

____

引导问题

（2）将本次学习活动中出现的问题及其产生的原因和解决的办法填写在表 3-16 中。

表 3-16　　问题分析表

出现的问题	产生的原因	解决的办法

自我评价

（3）将本次学习活动中自己最满意的地方和最不满意的地方各写两点，并简要说明原因，然后完成表 3-17 相关内容的填写。

最满意的地方：____

最不满意的地方：____

表 3-17　　　学习活动考核评价表

学习活动名称：男式西服制版

班级：　　　学号：　　　姓名：　　　指导教师：

评价项目	评价标准	评价依据	评价方式			权重	得分小计	总分
			自我评价	小组评价	教师评价			
			10%	20%	70%			
关键能力	1. 能穿戴劳保用品，执行安全生产操作规程 2. 能参与小组讨论，进行相互交流与评价 3. 能积极主动、勤学好问 4. 能清晰、准确地表达 5. 能清扫场地和工作台，归置物品，填写活动记录	1. 课堂表现 2. 工作页填写				40%		
专业能力	1. 能设定男式西服基础样板规格 2. 能制订男式西服基础样板制作计划，准备相关工具与材料，完成男式西服样板制作 3. 能正确拷贝样板轮廓线，依据款式特点和制作工艺要求准确放缝，制作基础样板 4. 能按照样板制作技术规范，完成样板编号、标注、打孔、分类等工作 5. 能记录男式西服基础样板制作过程中的疑难点，并在教师的指导下，通过小组讨论或独立思考、实践解决 6. 能按照企业标准（或参照世界技能大赛评分标准），准确核对男式西服基础样板的尺寸及判断各部位的裁配关系是否吻合，并依据核对结果，将男式西服基础样板修改、调整到位	1. 课堂表现 2. 工作页填写 3. 提交的男式西服基础样板 4. 提交的男式西服系列样板				60%		

续表

评价项目	评价标准	评价依据	评价方式			权重	得分小计	总分
			自我评价	小组评价	教师评价			
			10%	20%	70%			
专业能力	7. 能在教师的指导下，对照技术文件，结合男式西服工业推板的技术规范，完成男式西服系列样板的推放、检查、整理与复核 8. 能按要求进行资料归类，正确填写或编制男式西服工业样板制作的相关技术文件，并对男式西服工业样板进行种类和数量检查、整理和分类，做好定位标记 9. 能在男式西服工业样板制作过程中，按照企业标准（或参照世界技能大赛评分标准）及质量检测标准，动态检验样板制作结果，并在教师的指导下解决相关问题 10. 能展示、评价男式西服工业样板制作阶段成果，并根据评价结果，做出相应反馈							
指导教师综合评价	指导教师签名: 日期:							

三、学习拓展

本阶段学习拓展建议为 8 ~ 10 课时，要求学生在课后独立完成。教师可根据本校的教学需要和学生的实际情况，选择部分内容或全部内容进行实践，也可另行选择相关拓展内容，也可不实施学习拓展，将这部分课时用于学习过程阶段实践内容的强化。

拓展 1

在教师的指导下，通过小组讨论交流，完成图 3-21 所示戗驳领男式西服的样板制作，它的尺码明细见表 3-18。该男式西服（三开身六片结构）装戗驳领，下身设有两个双嵌线带盖口袋，有直下摆，左胸设有手巾袋，门襟钉双排 6 粒纽扣，后片用后中线断开，袖子为合体两片袖，袖口钉 3 粒纽扣。

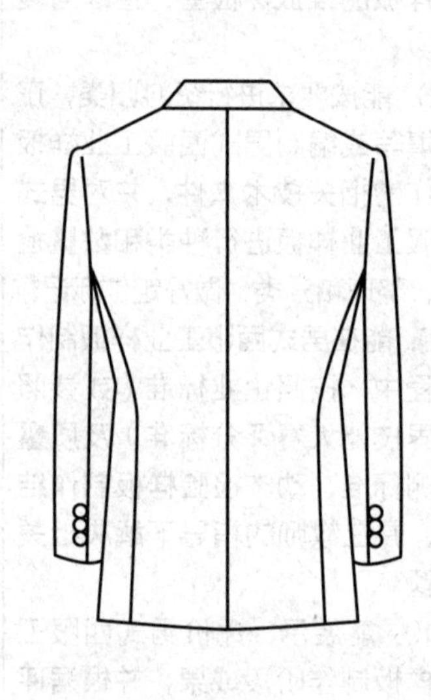

图 3-21 戗驳领男式西服

表 3-18 戗驳领男式西服尺寸明细表 单位：cm

号型	衣长	背长	胸围	袖长	袖口
170/88A	74	42	108	60	15

拓展 2

在教师的指导下，通过小组讨论交流，完成图 3-22 所示中山装的样板制作，它的尺寸明细见表 3-19。该中山装装关门领，领头分为上领、下领（上盘、下盘），袖子为圆袖，袖口设假袖衩，左右袖口各钉装饰纽扣 3 粒；前片左右两侧各有大小不同的外贴袋 2 个，外贴袋大小左右对称，小贴袋有尖角袋盖，袋盖上开纽眼；门襟、外领以及贴袋均缉单止口，左门襟开纽眼 5 个；肩缝、摆缝、袖子前后缝为分开缝。

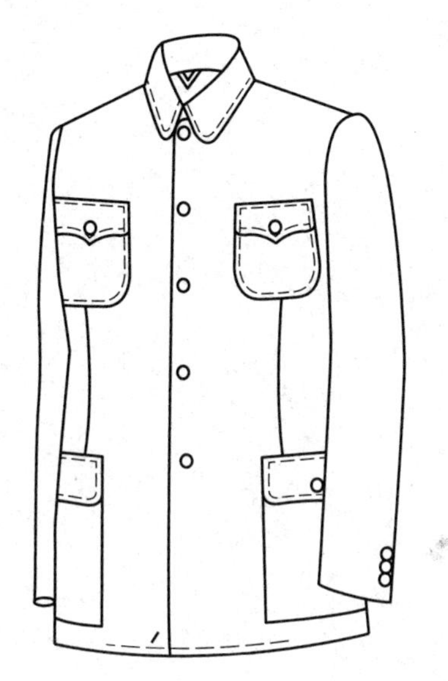
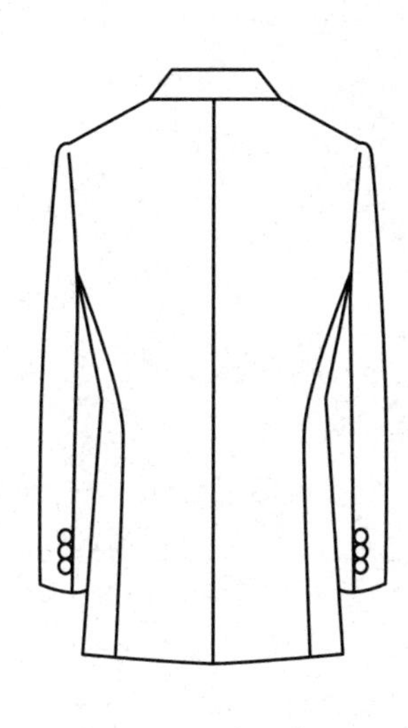

图 3-22　中山装

表 3-19　　中山装尺寸明细表　　单位：cm

号型	衣长	胸围	袖长	袖口	肩宽	领围
170/90A	74	110	60	16	46	42